群体智能

SWARM INTELLIGENCE

张国辉　文笑雨　编著

清华大学出版社

北京

图书在版编目（CIP）数据

群体智能/张国辉，文笑雨编著. —北京：清华大学出版社，2022.8
智能制造系列教材
ISBN 978-7-302-61373-2

Ⅰ.①群…　Ⅱ.①张…②文…　Ⅲ.①智能制造系统－高等学校－教材　Ⅳ.①TH166

中国版本图书馆 CIP 数据核字（2022）第 124620 号

责任编辑：刘　杨
封面设计：李召霞
责任校对：王淑云
责任印制：宋　林

出版发行：清华大学出版社
　　　网　　址：http://www.tup.com.cn, http://www.wqbook.com
　　　地　　址：北京清华大学学研大厦 A 座　　　邮　　编：100084
　　　社　总　机：010-83470000　　　　　　　　邮　　购：010-62786544
　　　投稿与读者服务：010-62776969, c-service@tup.tsinghua.edu.cn
　　　质量反馈：010-62772015, zhiliang@tup.tsinghua.edu.cn
印　装　者：三河市国英印务有限公司
经　　销：全国新华书店
开　　本：170mm×240mm　　印　　张：7　　　　字　　数：139 千字
版　　次：2022 年 8 月第 1 版　　　　　　　　　印　　次：2022 年 8 月第 1 次印刷
定　　价：28.00 元

产品编号：088949-01

智能制造系列教材编审委员会

主任委员

    李培根   雒建斌

副主任委员

    吴玉厚   吴 波   赵海燕

编审委员会委员（按姓氏首字母排列）

陈雪峰	邓朝晖	董大伟	高 亮
葛文庆	巩亚东	胡继云	黄洪钟
刘德顺	刘志峰	罗学科	史金飞
唐水源	王成勇	轩福贞	尹周平
袁军堂	张 洁	张智海	赵德宏
郑清春	庄红权		

秘书

    刘 杨

多年前人们就感叹,人类已进入互联网时代;近些年人们又惊叹,社会步入物联网时代。牛津大学教授舍恩伯格(Viktor Mayer-Schönberger)心目中大数据时代最大的转变,就是放弃对因果关系的渴求,转而关注相关关系。人工智能则像一个幽灵徘徊在各个领域,兴奋、疑惑、不安等情绪分别蔓延在不同的业界人士中间。今天,5G 的出现使得作为整个社会神经系统的互联网和物联网更加敏捷,使得宛如社会血液的数据更富有生命力,自然也使得人工智能未来能在某些局部领域扮演超级脑力的作用。于是,人们惊呼数字经济的来临,憧憬智慧城市、智慧社会的到来,人们还想象着虚拟世界与现实世界、数字世界与物理世界的融合。这真是一个令人咋舌的时代!

但如果真以为未来经济就"数字"了,以为传统工业就"夕阳"了,那可以说我们就真正迷失在"数字"里了。人类的生命及其社会活动更多地依赖物质需求,除非未来人类生命形态真的变成"数字生命"了,不用说维系生命的食物之类的物质,就连"互联""数据""智能"等这些满足人类高级需求的功能也得依赖物理装备。所以,人类最基本的活动便是把物质变成有用的东西——制造!无论是互联网、物联网、大数据、人工智能,还是数字经济、数字社会,都应该落脚在制造上,而且制造是其应用的最大领域。

前些年,我国把智能制造作为制造强国战略的主攻方向,即便从世界上看,也是有先见之明的。在强国战略的推动下,少数推行智能制造的企业取得了明显效益,更多企业对智能制造的需求日盛。在这样的背景下,很多学校成立了智能制造等新专业(其中有教育部的推动作用)。尽管一窝蜂地开办智能制造专业未必是一个好现象,但智能制造的相关教材对于高等院校与制造关联的专业(如机械、材料、能源动力、工业工程、计算机、控制、管理……)都是刚性需求,只是侧重点不一。

教育部高等学校机械类专业教学指导委员会(以下简称"教指委")不失时机地发起编著这套智能制造系列教材。在教指委的推动和清华大学出版社的组织下,系列教材编委会认真思考,在 2020 年新型冠状病毒肺炎疫情正盛之时即视频讨论,其后教材的编写和出版工作有序进行。

本系列教材的基本思想是为智能制造专业以及与制造相关的专业提供有关智能制造的学习教材,当然也可以作为企业相关的工程师和管理人员学习和培训之用。系列教材包括主干教材和模块单元教材,可满足智能制造相关专业的基础课和专业课的需求。

主干课程教材,即《智能制造概论》《智能装备基础》《工业互联网基础》《数据技术基础》《制造智能技术基础》,可以使学生或工程师对智能制造有基本的认识。其中,《智能制造概论》教材给读者一个智能制造的概貌,不仅概述智能制造系统的构成,而且还详细介绍智能制造的理念、意识和思维,有利于读者领悟智能制造的真谛。其他几本教材分别论及智能制造系统的"躯干""神经""血液""大脑"。对于智能制造专业的学生而言,应该尽可能必修主干课程。如此配置的主干课程教材应该是此系列教材的特点之一。

特点之二在于配合"微课程"而设计的模块单元教材。智能制造的知识体系极为庞杂,几乎所有的数字-智能技术和制造领域的新技术都和智能制造有关。不仅涉及人工智能、大数据、物联网、5G、VR/AR、机器人、增材制造(3D 打印)等热门技术,而且像区块链、边缘计算、知识工程、数字孪生等前沿技术都有相应的模块单元介绍。这套系列教材中的模块单元差不多成了智能制造的知识百科。学校可以基于模块单元教材开出微课程(1 学分),供学生选修。

特点之三在于模块单元教材可以根据各个学校或者专业的需要拼合成不同的课程教材,列举如下。

♯课程例 1——"智能产品开发"(3 学分),内容选自模块:
➢ 优化设计
➢ 智能工艺设计
➢ 绿色设计
➢ 可重用设计
➢ 多领域物理建模
➢ 知识工程
➢ 群体智能
➢ 工业互联网平台(协同设计,用户体验……)
♯课程例 2——"服务制造"(3 学分),内容选自模块:
➢ 传感与测量技术
➢ 工业物联网
➢ 移动通信
➢ 大数据基础
➢ 工业互联网平台
➢ 智能运维与健康管理
♯课程例 3——"智能车间与工厂"(3 学分),内容选自模块:
➢ 智能工艺设计
➢ 智能装配工艺

➢ 传感与测量技术

➢ 智能数控

➢ 工业机器人

➢ 协作机器人

➢ 智能调度

➢ 制造执行系统(MES)

➢ 制造质量控制

总之,模块单元教材可以组成诸多可能的课程教材,还有如"机器人及智能制造应用""大批量定制生产"等。

此外,编委会还强调应突出知识的节点及其关联,这也是此系列教材的特点。关联不仅体现在某一课程的知识节点之间,也表现在不同课程的知识节点之间。这对于读者掌握知识要点且从整体联系上把握智能制造无疑是非常重要的。

此系列教材的编著者多为中青年教授,教材内容体现了他们对前沿技术的敏感和在一线的研发实践的经验。无论在与部分作者交流讨论的过程中,还是通过对部分文稿的浏览,笔者都感受到他们较好的理论功底和工程能力。感谢他们对这套系列教材的贡献。

衷心感谢机械教指委和清华大学出版社对此系列教材编写工作的组织和指导。感谢庄红权先生和张秋玲女士,他们卓越的组织能力、在教材出版方面的经验、对智能制造的敏锐是这套系列教材得以顺利出版的最重要因素。

希望这套教材在庞大的中国制造业推进智能制造的过程中能够发挥"系列"的作用!

2021 年 1 月

制造业是立国之本,是打造国家竞争能力和竞争优势的主要支撑,历来受到各国政府的高度重视。而新一代人工智能与先进制造深度融合形成的智能制造技术,正在成为新一轮工业革命的核心驱动力。为抢占国际竞争的制高点,在全球产业链和价值链中占据有利位置,世界各国纷纷将智能制造的发展上升为国家战略,全球新一轮工业升级和竞争就此拉开序幕。

近年来,美国、德国、日本等制造强国纷纷提出新的国家制造业发展计划。无论是美国的"工业互联网"、德国的"工业 4.0",还是日本的"智能制造系统",都是根据各自国情为本国工业制定的系统性规划。作为世界制造大国,我国也把智能制造作为制造强国战略的主攻方向,于 2015 年提出了《中国制造 2025》,这是全面推进实施制造强国建设的引领性文件,也是中国建设制造强国的第一个十年行动纲领。推进建设制造强国,加快发展先进制造业,促进产业迈向全球价值链中高端,培育若干世界级先进制造业集群,已经成为全国上下的广泛共识。可以预见,随着智能制造在全球范围内的孕育兴起,全球产业分工格局将受到新的洗礼和重塑,中国制造业也将迎来千载难逢的历史性机遇。

无论是开拓智能制造领域的科技创新,还是推动智能制造产业的持续发展,都需要高素质人才作为保障,创新人才是支撑智能制造技术发展的第一资源。高等工程教育如何在这场技术变革乃至工业革命中履行新的使命和担当,为我国制造企业转型升级培养一大批高素质专门人才,是摆在我们面前的一项重大任务和课题。我们高兴地看到,我国智能制造工程人才培养日益受到高度重视,各高校都纷纷把智能制造工程教育作为制造工程乃至机械工程教育创新发展的突破口,全面更新教育教学观念,深化知识体系和教学内容改革,推动教学方法创新,我国智能制造工程教育正在步入一个新的发展时期。

当今世界正处于以数字化、网络化、智能化为主要特征的第四次工业革命的起点,正面临百年未有之大变局。工程教育需要适应科技、产业和社会快速发展的步伐,需要有新的思维、理解和变革。新一代智能技术的发展和全球产业分工合作的新变化,必将影响几乎所有学科领域的研究工作、技术解决方案和模式创新。人工智能与学科专业的深度融合、跨学科网络以及合作模式的扁平化,甚至可能会消除某些工程领域学科专业的划分。科学、技术、经济和社会文化的深度交融,使人们可以充分使用便捷的软件、工具、设备和系统,彻底改变或颠覆设计、制造、销售、服务和消费方式。因此,工程教育特别是机械工程教育应当更加具有前瞻性、创新性、开放性和多样性,应当更加注重与世界、社会和产业的联系,为服务我国新的"两步走"宏伟愿景作出更大贡献,为实现联合国可持续发展目标发挥关键性引领作用。

需要指出的是,关于智能制造工程人才培养模式和知识体系,社会和学界存在多种看法,许多高校都在进行积极探索,最终的共识将会在改革实践中逐步形成。我们认为,智能制造的主体是制造,赋能是靠智能,要借助数字化、网络化和智能化的力量,通过制造这一载体把物质转化成具有特定形态的产品(或服务),关键在于智能技术与制造技术的深度融合。正如李培根院士在本系列教材总序中所强调的,对于智能制造而言,"无论是互联网、物联网、大数据、人工智能,还是数字经济、数字社会,都应该落脚在制造上"。

经过前期大量的准备工作,经李培根院士倡议,教育部高等学校机械类专业教学指导委员会(以下简称"教指委")课程建设与师资培训工作组联合清华大学出版社,策划和组织了这套面向智能制造工程教育及其他相关领域人才培养的本科教材。由李培根院士和雒建斌院士为主任、部分教指委委员及主干教材主编为委员,组成了智能制造系列教材编审委员会,协同推进系列教材的编写。

考虑到智能制造技术的特点、学科专业特色以及不同类别高校的培养需求,本套教材开创性地构建了一个"柔性"培养框架:在顶层架构上,采用"主干课教材+专业模块教材"的方式,既强调了智能制造工程人才培养必须掌握的核心内容(以主干课教材的形式呈现),又给不同高校最大程度的灵活选用空间(不同模块教材可以组合);在内容安排上,注重培养学生有关智能制造的理念、能力和思维方式,不局限于技术细节的讲述和理论知识推导;在出版形式上,采用"纸质内容+数字内容"相融合的方式,"数字内容"通过纸质图书中镶嵌的二维码予以链接,扩充和强化同纸质图书中的内容呼应,给读者提供更多的知识和选择。同时,在教指委课程建设与师资培训工作组的指导下,开展了新工科研究与实践项目的具体实施,梳理了智能制造方向的知识体系和课程设计,作为整套系列教材规划设计的基础,供相关院校参考使用。

这套教材凝聚了李培根院士、雒建斌院士以及所有作者的心血和智慧,是我国智能制造工程本科教育知识体系的一次系统梳理和全面总结,我谨代表教育部机械类专业教学指导委员会向他们致以崇高的敬意!

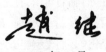

2021 年 3 月

在动物社会里,虽然有些个体微不足道,但群体却能够解决单个个体难以解决或不可能解决的复杂问题,例如,蚂蚁、蜜蜂、鱼以及其他群居动物,它们的群体协调能力令人难以置信。群体智能是在其基础上,受其群体行为的启发而发展出来的一种智能形态。简言之,群体智能是具有简单智能的个体通过相互协作和组织表现出群体智能行为的特性。群体智能可以在缺乏集中控制和数学模型的前提下表现出求解的明显优势,研究学者根据不同自然生物群体行为特征,对自然界群居生物的行为进行模拟,提出了许多群体智能优化算法,诸如蚁群算法、粒子群算法、蜂群算法等。自 1992 年蚁群算法被提出之后,群体智能算法就凭借其强大的搜索能力,在工业制造、交通规划、电力系统以及航空航天等诸多领域展现出巨大的优势并得到广泛应用。

制造业是国民经济的主体,没有强大的制造业,就没有国家和民族的强盛。2015 年 5 月,国务院正式印发《中国制造 2025》,智能制造工程是其五大工程之一。随着新一代信息技术、工业互联网、5G 技术、人工智能等技术的发展,其不断促进传统制造业转型升级,并在制造领域中的应用越来越广泛。而在整个智能制造过程中,智能加工、智能车间以及智能服务等不同阶段需要进行相关参数、方案的确定与决策,以使其实现某些目标的最优化。传统的精确优化方法已经难以满足当前大规模复杂问题的求解,而群体智能算法由于其不需要精确数学模型,可以在较短时间内得到满意解的明显优势得到越来越多研究学者和实际工作者的关注,在实际工程中也得到越来越多的应用。

本书正是在群体智能与智能制造的研究与应用进行得如火如荼之际,将作者与相关学者在其领域的研究成果进行系统总结,为相关专业的学生与研究人员提供参考。

全书共分五章。

第 1 章,绪论。介绍群体智能的含义与特点、群体智能算法的分类、制造中的最优化问题以及群体智能的应用与发展。

第 2 章,典型群体智能算法。从算法的起源、算法求解流程、典型应用案例等方面对蚁群算法、粒子群优化算法以及蜂群算法等三种典型群体算法进行介绍。根据每种算法提出时的特点,提供了对应案例的详细求解过程。

第3章,群体智能算法在智能加工中的应用。主要介绍采用第2章所述的三种典型算法在加工工艺参数优化、机器人路径规划、增材制造加工优化中的应用。主要包括切削工艺参数优化、铣削工艺参数优化、移动机器人路径规划、机械手臂轨迹规划、拓扑优化以及3D打印路径优化等。

第4章,群体智能算法在智能车间中的应用。介绍群体智能算法在智能车间中的柔性工艺规划、智能车间调度、装配序列规划与平衡中的应用。主要包括工艺规划、工艺规划与车间调度集成、柔性作业车间调度、置换流水车间调度、装配序列规划、装配线平衡等。

第5章,群体智能算法在制造服务中的应用。介绍典型群体智能算法在供应链物料采购优化、云制造服务组合优化以及维护、维修和大修优化等决策应用。

本书的第1章、第5章由郑州航空工业管理学院张国辉编写;第2章、第3章、第4章由郑州轻工业大学文笑雨编写。在编写过程中,在读硕士研究生廉孝楠、王康红、孙靖贺、陆熙熙、卫世文、钱运洁、符运站等也都参与了相关资料收集和整理工作,在此对他们表示感谢。

本书在编写过程中参阅了大量中外文的参考书和文献资料,主要参考文献列在了每章之后。在此对国内外相关作者表示衷心的感谢。

感谢清华大学出版社的张秋玲编辑和刘杨编辑,感谢参与资料整理和书稿审定的相关研究生和专家。

由于编者水平有限,本书难免存在疏漏甚至错误之处,许多内容还有待于完善和深入研究,敬请读者批评指正。

编著者

2021 年 12 月

目 录

CONTENTS

第1章

绪论

1.1 群体智能简介

1.1.1 群体智能的含义与特点

群体智能(swarm intelligence,SI)是人工智能领域中重要的概念,最早由 Gerardo Beni 和 Jing Wang 于 1989 年提出[1],用以研究细胞机器人系统,如兰顿蚂蚁和康威生命游戏。群体智能在有的文献中也称为集群智能(collective intelligence,CI)[2]。在动物社会里,有些个体微不足道,例如,蚂蚁、蜜蜂、鱼等,然而,这些个体组成的群体能够解决单个个体难以解决或不可能解决的复杂问题。群体的协调能力都令人难以置信,可以更容易地捕捉到更大的猎物,或者更好地保护自己免受捕食者的攻击[3]。对群体行为的研究促使人们认识到,群体生活也可以帮助解决超出单个动物能力范围的认知问题[4-5],虽然个体动物在认知上相对简单,在其能达到的目标上受到限制,然而,群体的能力则能做出惊人的成就[6]。

群体智能并不是简单的多个体的集合,而是超越个体行为的一种更高级表现,这种从个体行为到群体行为的演变过程往往极其复杂,是群体中各个个体随时间相互作用的模式和结果,以至于很难由个体的简单行为来预测和推演。这称为涌现(emergence),指推演一个复杂系统中某些新的、相关的结构、模式和性质(或行为)的过程。

可以用图 1-1 来说明群体中的个体比个体或小群体中的个体做出更好决策的过程[7]。个体用黑色圆圈表示,从源头到接收者的信息流用箭头表示。如图 1-1(a)所示,当个体认知能力水平提高时,个体之间就没有信息流动。相反,在一个群体中可以减少对捕食风险的感知,允许个体将更多的认知资源分配到其他任务中,或者在风险不受(或更少)被捕食群体规模影响的情况下对捕食者保持警惕。如图 1-1(b)所示,信息可以从所有或部分成员集中,在那里进行处理,并作出总体决策,或将信息提供给群内成员使用。如图 1-1(c)所示,在领导力方面,信息从一个(或几个)具有相关知识的个体流向其他群体成员。如图 1-1(d)所示,在群体智能中,只有信息交流,没有明显的集中者领导关键个体。

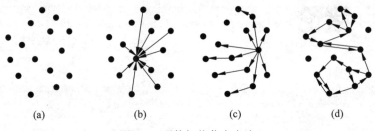

图 1-1　群体智能信息交流

对于一个由众多简单个体组成的群体,若其个体具有能通过彼此间的简单合作来完成一个整体任务的能力,则称该群体具有"群体智能"。群体智能中的"群体"指的是一组相互之间通过改变局部环境信息可以进行直接或间接通信的个体,这些个体能够合作进行分布式问题的求解。群体智能中的"个体"仅具有较为简单的能力,这种能力可用某一简单的功能函数来表示。个体间的相互作用、间接通信也称为外激励(stigmergy)。

在自然界中,通过群体中个体间的相互协作完成任务的例子有:

(1)白蚁建造的大巢穴结构的复杂度是单个白蚁凭借自己的能力所无法实现的;

(2)在一个蚂蚁群中,在没有任何中心管理者和任务协调员的情况下,其任务都是动态分配的;

(3)蜜蜂通过摆动跳舞实现了最佳的觅食行为,觅食行为作为简单的轨迹跟踪行为也在蚁群中出现;

(4)鸟群中的鸟和鱼群中的鱼会自组织成最佳的空间模式,鸟群或鱼群通过声音和视觉感知的通信基于少量的邻近个体来确定它们的行为(如调整自己的方向和速度);

(5)猎食者(如一个狮群)表现出的猎食策略比被猎食者更精明;

(6)细菌利用分子(类似信息素)通信,共同保持对环境变化的跟踪;

(7)黏菌由非常简单且能力有限的分子有机体组成,然而,在缺少食物的时期,它们会聚集形成一个移动的块,以便将聚集在一起的个体运送到新的食物区域。

关于群体智能的定义在已发表或出版的文献中都不尽相同。如有的定义为:两个或更多个独立收集信息的个体通过社交互动进行信息交流,并为单个个体无法解决的认知问题提供群体的含义。也有定义为:是指在某群体中,若存在众多无智能的个体,它们通过相互之间的简单合作所表现出来的智能行为。蚁群算法提出者 Dorigo[8]对群体智能如此描述：指具有简单智能的个体通过相互协作和组织表现出群体智能行为的特性，具有天然的分布式和自组织特征。

总之，群体智能的核心是由众多简单个体组成的群体能够通过相互之间的简单合作来实现某一较复杂的功能，完成某一较复杂的任务。群体智能可以在没有集中控制并且缺少全局信息和模型的前提下，为解决复杂的分布式问题提供了可能。

群体智能的特点主要包括[9]：

(1) 灵活性(flexibilty)，群体可以适应随时变化的系统或网络环境；

(2) 鲁棒性(robustness)，没有中心或者统一的控制，即使单个个体失败，整个群体仍然具有完成任务的能力，不会出现由于某一个或者某几个个体的故障或失败而影响整个问题的求解；

(3) 自组织(self-organization)，活动既不受中央控制，也不受局部监管。

群体智能的优点主要体现在[9]：

(1) 分布性(distribution)，群体中相互合作的个体是分布的，这样更能够适应当前网络环境下的工作状态；

(2) 简单性(simplicity)，系统中每个个体的能力十分简单，个体的执行时间比较短，并且实现也比较简单；

(3) 可扩充性(extensibility)，可以仅仅通过个体之间的间接通信进行合作，系统具有很好的可扩充性，因为系统个体的增加而引起的通信开销的增加很小。

Millonas 提出了群体智能遵循的五条基本原则[10]：

(1) 邻近原则(proximity principle)，群体能够进行简单的空间和时间计算；

(2) 品质原则(quality principle)，群体能够响应环境中的品质因子；

(3) 多样性反应原则(principle of diverse response)，群体的行动范围不应该太窄；

(4) 稳定性原则(stability principle)，群体不应在每次环境变化时都改变自身的行为；

(5) 适应性原则(adaptability principle)，在所需代价不太高的情况下，群体能够在适当的时候改变自身的行为。

1.1.2 群体智能算法的分类

群体智能算法是早期学者基于群体智能，针对群体行为特征规律的研究，受社会昆虫(如蚂蚁、蜜蜂)、群居脊椎动物(如鸟群、鱼群和兽群)或其他群居生物的启发，提出一系列具备群体智能特征的算法用来解决复杂问题。自 1992 年意大利学者 Dorigo 从蚁群寻找最短路径的现象中受到启发在他的博士论文中提出蚁群优化(ant colony optimization，ACO)理论开始，群体智能算法作为一个理论被正式提出,并逐渐吸引了大批学者的关注,应用于不同的领域,从而掀起了研究高潮。
1995 年,Kennedy 等[11]学者模拟鸟群觅食行为提出了粒子群优化算法(particle
swarm optimization,PSO),由于 PSO 模型简单、参数少得到了广泛的研究与应
用,进一步推进了群体智能算法的研究。近年来,众多研究学者模拟不同的群体特
征陆续提出了不同的群体智能算法。

　　如图 1-2 所示,按照启发式方法的发展进行分类。对于优化问题的求解,最早
通过数学方法寻求最优解。而启发式算法是受大自然的运行规律或面向具体问题
的经验、规则启发出来的方法,在可接受的计算时间或空间范围内给出待解决优化
问题的可行解,该可行解与最优解的偏离程度一般不能被预计。由于早期启发式
方法在求解大规模问题时容易陷入局部最优,求解效果并不理想,研究学者根据自
然界现象提出了自然启发式方法。在自然启发式方法中包括:一类是基于生物行
为的算法,即生物启发式方法;另一类是模拟物理现象等自然现象的,如模拟退火
算法。而在生物启发式方法中,一类是模拟动物群体行为的群体智能算法,也是本
书后续章节中主要讲的内容;另一类是模拟生物进化的进化计算;还有一类是模
拟其他生物群体的算法,如文化算法、免疫算法等。

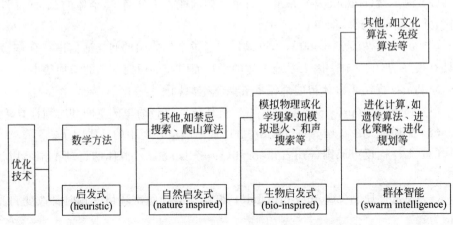

图 1-2　启发式方法分类

　　由于群体智能算法的灵感主要来自于模拟不同生物群体,按照不同群体的方
式进行分类,可以分为昆虫类、细菌类、鸟群类、水生类以及陆生类等,如图 1-3 所
示。由于新的模拟生物群体的算法仍在不断被学者提出,图 1-3 中无法包括所有
的算法。

　　目前,由于每种算法经过改进后可以衍生出较多算法,为了能够对常用算法的
提出思想有所了解,如表 1-1 所示,给出了常用算法的名称、提出作者、基本思想以
及提出的年份[12-13]。

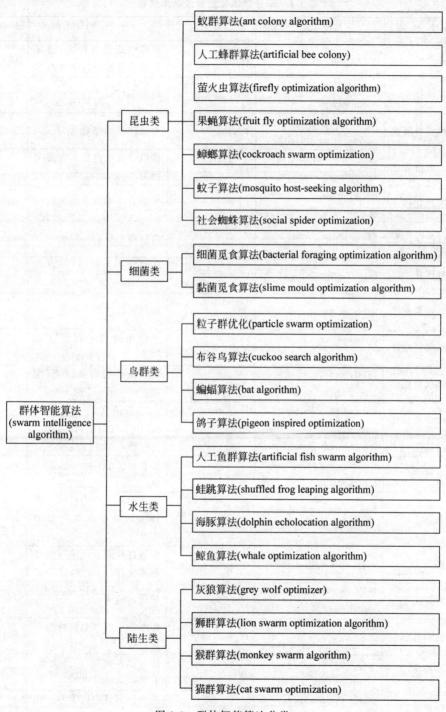

图 1-3　群体智能算法分类

表 1-1　部分群体智能算法基本信息

中文名称	英文名称	作者	基本思想	年份
蚁群算法	ant colony algorithm	Dorigo[8]	模拟蚂蚁觅食行为,通过分泌信息素进行个体协作	1992
粒子群优化	particle swarm optimization	Kennedy 等[11]	鸟群飞行觅食行为	1995
细菌觅食算法	bacterial foraging optimization algorithm	Passino[14]	大肠杆菌的觅食行为	2002
人工鱼群算法	aritificial fish swarm algorithm	Li 等[15]	模拟鱼群觅食和集群游弋行为	2002
菌落趋化性	bacterial colony chemotaxis	Li 等[16]	细菌对化学引诱剂的反应	2005
蜂群优化	bee colony optimization	Teodorovic 等[17]	自然界的蜂群	2005
猫群优化	cat swarm optimization	Chu 等[18]	猫的行为及其追踪、寻找等技能	2006
人工蜂群算法	artificial bee colony	Karaboga 等[19]	蜜蜂的自然觅食行为	2007
布谷鸟算法	cuckoo search algorithm	Yang 等[20]	几种布谷鸟的育雏寄生行为	2009
萤火虫算法	firefly optimization algorithm	Yang[21]	萤火虫的行为及闪光(生物发光过程)	2009
萤火虫群优化	glowworm swarm optimization	Krishnanand 等[22]	荧光素诱导的萤火虫发光,用于吸引配偶/猎物	2009
蝙蝠算法	bat algorithm	Yang[23]	微生物的回声定位特征	2010
蟑螂算法	cockroach swarm optimization	Chen 等[24]	蟑螂的社会行为	2010
狮群算法	lion swarm optimization algorithm	Rajakumar[25]	狮子的社会行为有助于保持哺乳动物在世界上的强壮	2012
灰狼算法	grey wolf optimization	Tang 等[26]	狼通过躲避敌人来寻找食物和生存	2012
果蝇算法	fruit fly optimization algorithm	Xing 等[27]	果蝇的行为	2013
社会蜘蛛算法	social spider optimization algorithm	Cuevas 等[28]	相互作用的社会蜘蛛的合作行为	2013
海豚算法	dolphin echolocation algorithm	Wu 等[29]	海豚回声定位、信息交流、合作	2016
鲸鱼算法	whale optimization algorithm	Mirjalili 等[30]	座头鲸的社会行为——泡泡网捕猎策略	2016

群体智能算法具有以下特点[31-34]。

（1）智能性。群体智能算法通过向大自然界中的某些生命现象或自然现象学习，实现对问题的求解，这类算法中包含了自然界生命现象所具有的自组织、自学习和自适应性等特性。在运算过程中，通过获得的计算信息自行组织种群对解空间进行搜索。由于群体智能算法具有的这种优点，应用群体智能算法求解问题时，不需要已知待优化问题的梯度信息，也不需要事先对待求解问题进行详细数学建模。对于某些复杂性高的问题，高效求解成为可能。

（2）隐含本质并行性。群体智能算法通过设定相应的种群进化机制完成计算，而种群内的个体则具有一定的独立性，个体之间完全是一种本质上的并行机制。如果使用分布式多处理机来完成群体智能算法，可以将算法设置为多个种群并分别放置于不同的处理机实现进化，迭代期间完成一定的信息交流即可（注：信息交流并不是必要的），迭代完成之后，根据适应度值优胜劣汰。所以，群体智能算法这种隐含的本质并行性，能够更充分利用多处理器机制，实现并行编程，提高算法的求解能力。其更加适合目前云计算等分布式计算技术迅速发展的背景。

（3）解的近似性。群体智能算法通常来自于对大自然中某种生命或其他事物的智能协作进化现象的模拟，利用某种进化机制指导种群对解空间进行搜索。由于该类算法缺乏严格的数学理论支持，对于问题的解空间采用反复迭代的概率性搜索，所以群体智能算法会存在早熟或求解精度较低等问题，而这也是所有群体智能算法几乎都存在的弱点。所以，很多时候对求解的问题来说，群体智能算法仅仅得到的是一种近似最优解。但是，这种近似最优解可以一次提供多个，为决策者提供更多选择。

1.2　制造中的最优化问题

1.2.1　最优化问题

最优化问题普遍存在，即在特定的现实环境约束下，争取找到最优的解决方案，获得最佳的实践效果。最优化问题的应用领域极其广泛，如设计、加工、调度、物流配送、系统控制、工程、金融、医学等。例如，工程设计中怎样选择设计参数，使得设计方案既满足设计要求又能降低成本；车间自动引导车（automated guided vehicle，AGV）路径如何规划，使得 AGV 既能够满足生产需求又能效率更高成本最低；生产计划安排中，选择怎样的计划方案使得效率和利润都得到提高等。在智能制造的生产过程各阶段实现最优化，对提高生产效率和效益、节省资源、提高顾客满意度等具有重要的作用。

最优化问题，就是在满足一定的约束条件下，寻找一组参数值，以使某些最优性度量得到满足，使系统的某些性能指标达到最大或最小[35]。最优化问题根据其目标函数、约束函数的性质以及优化变量的取值等可以分成许多类型,每一种类型的最优化问题根据其性质的不同都有其特定的求解方法。

通常情况下,最优化问题是寻找最小值问题(寻找最大值问题可以转化为寻找最小值问题)。不失一般性,以最小值问题为例,最优化问题的一般形式可以用以下两种方式表示。

一般式:

$$\left. \begin{array}{l} \min\limits_{X \in \Omega} f(X) \\ \text{s. t. } h_j(X)=0, j=1,2,\cdots,n \\ \quad s_i(X) \geqslant 0, i=1,2,\cdots,m \end{array} \right\} \tag{1-1}$$

向量式:

$$\left. \begin{array}{l} \min\limits_{X \in \Omega} f(X) \\ \quad\quad \boldsymbol{h}(X)=0 \\ \text{s. t.} \quad \boldsymbol{s}(X) \geqslant 0 \end{array} \right\} \tag{1-2}$$

式中,$f(X)$ 称为目标函数。优化过程就是定义域中在满足约束的情况下选择合适的 X,使目标函数 $f(X)$ 达到最优值。$s_i(X)$ 称为不等式约束,它的向量表示法可以写成 $\boldsymbol{s}(X)=[s_1(X),s_2(X),\cdots,s_m(X)]^\mathrm{T}$;$h_j(X)$ 称为等式约束,它的向量表示法可以写成 $\boldsymbol{h}(X)=[h_1(X),h_2(X),\cdots,h_n(X)]$。

当约束函数 $\boldsymbol{s}(X)$ 和 $\boldsymbol{h}(X)$ 所限制的约束空间为整个欧氏空间时,上述最优化问题就简化为无约束优化问题,当然也可以通过某些方法(如惩罚函数法)将有约束优化问题转换为无约束优化问题。

如果目标函数 $f(X)$ 和约束函数 $\boldsymbol{s}(X)$ 和 $\boldsymbol{h}(X)$ 都是线性的,并且变量 X 是连续的,那么称其为线性规划问题。如果 $f(X)$、$\boldsymbol{s}(X)$ 和 $\boldsymbol{h}(X)$ 中至少有一个为非线性函数时,则上述问题为非线性规划问题。非线性规划问题相当复杂,其求解方法多种多样,但到目前为止仍然没有一种有效地解决所有问题的方法。

当优化变量 X 仅取整数值时,上述问题为整数规划问题,特别是当 X 仅能取 0 或 1 时,上述问题即为 0-1 整数规划问题。由于整数规划问题属于组合优化范畴,其计算量随变量维数的增长而指数增长,所以存在着"维数灾难"问题[35]。

1.2.2 最优化问题的分类

最优化问题存在多种不同分类方法,结合在群体智能中的应用情况,下面介绍两种分类。

(1) 按照最优化问题对象,可以分为组合优化和函数优化。

组合优化和函数优化的区别在于应用领域优化问题对象是离散的还是连续的。组合优化问题的可行空间是离散的值,而函数优化问题的可行空间是一定范围内的连续值。

　　函数优化算法性能的比较通常是基于基准函数进行的,常用的基准函数有Schwefel、Rosenbrock、Griewank、Sphere、Quartic、Ackley、Kowalik、Hartman、Penalized 等。鉴于许多工程问题或工艺参数问题存在约束条件,受约束的函数优化问题也一直是优化领域关注的主要对象。

　　组合优化的对象是解空间的离散状态,组合优化往往涉及排序、分类、筛选等问题,典型的组合优化问题有旅行商问题(traveling salesman problem)、加工调度问题(scheduling problem)、工艺规划问题(process planning)、聚类问题(clustering problem)、背包问题(knapsack problem)和着色问题(graph coloring problem)等。在智能工厂与智能车间领域中,存在较多组合优化问题,如 AGV 的路径问题、车间调度问题等。

　　(2) 按照求解问题的优化方法特点,可以分为全局最优和局部最优。

　　针对一定条件/环境下的一个问题/目标,若一项决策和所有解决该问题的决策相比是最优的,就可以被称为全局最优。

　　将上述定义用数学公式表示为:在无限制环境集合 R 内,假设限制条件/环境为集合 $D(D$ 包含于 $R)$,问题代价或目标函数为 $f(x)$,其中 x 指决策,那么全局最优就是指决策满足 $f(x_0) = \min\{f(x)\}, x_0 \in D$。

　　和全局最优不同,局部最优不要求在所有决策中是最好的。

　　针对一定条件/环境下的一个问题/目标,若一项决策和部分解决该问题的决策相比是最优的,就可以被称为局部最优。

　　将上述定义用数学公式表示为:按照上面的定义,对于 D 内的一个子集 D_n,局部最优就是指决策满足 $f(x_0) = \min\{f(x)\}, x_0 \in D_n$。

　　对于优化问题,尤其是最优化问题,总是希望找到全局最优的解或策略,但是当问题的复杂度过高,要考虑的因素和处理的信息量过多的时候,我们往往会倾向于接受局部最优解,因为局部最优解的质量不一定都是差的。尤其是当我们有确定的评判标准标明得出的解是可以接受的话,通常会接收局部最优的结果。这样,从成本、效率等多方面考虑,才是实际工程中会采取的策略。

1.2.3　计算复杂性与 NP 问题

　　算法的时间和空间复杂性对计算机的求解能力有重大影响,算法对时间和空间的需要量称为算法的时间复杂性和空间复杂性。问题的时间复杂性是指求解该问题的所有算法中时间复杂性最小的算法的时间复杂性。问题的空间复杂性也可类似定义。

　　算法或问题的复杂性一般表示为问题规模 n 的函数,时间复杂性记为 $T(n)$,空间复杂性记为 $S(n)$。在算法分析和设计中,沿用实用性的复杂性概念,即把求解问题的关键操作,如加、减、乘、比较等运算指定为基本操作,算法执行基本操作的次数则定义为算法的时间复杂性,算法执行期间占用的存储单元则定义为算法的空间复杂性。在分析复杂性时,可以求出算法的复杂性函数 $p(n)$,也可用复杂性函数主要项的阶 $O(p(n))$ 来表示。若算法 A 的时间复杂性为 $T_A(n) = O(p(n))$,且 $p(n)$ 为 n 的多项式函数,则称算法 A 为多项式算法。时间复杂性不属于多项式时间的算法统称为指数时间算法。

按照计算复杂性理论研究问题求解的难易程度,可把问题分为 P 类、NP 类和 NP 完全类。P 类问题是指对具有多项式时间求解算法的问题类;反之,为非多项式确定问题,即 NP 问题。在实际工程应用中,更多的属于 NP 完全类问题。有兴趣的读者可以阅读王凌[36]编写的《智能优化算法及其应用》一书了解它们之间的详细内容。

1.3　群体智能的应用与发展

1.3.1　群体智能的应用

随着群体智能理论以及群体智能算法的发展,其在数学、物理学、计算机科学、社会科学、经济学以及工程应用等领域得到了广泛的应用[37]。本书主要针对群体智能算法在智能加工、智能车间和制造服务中的应用来进行讲解,如表 1-2 所示,给出在本书中群体智能算法的应用场景。

表 1-2　群体智能应用

序　　号	应用方向	具体应用场景
1	智能加工	a. 加工工艺参数优化:选择合适的工艺参数可以提高产品精度、降低成本、减少能耗; b. 机器人路径规划:保证机器人移动过程中不碰到障碍物,并满足路线最短等性能指标; c. 增材制造加工优化:加快产品的制造周期,具有较高的柔性,提高材料利用率
2	智能车间	a. 智能工艺规划:对产品的质量、成本和生产效率具有重要影响; b. 智能车间调度:对车间生产调度优化,可提高设备利用率,降低生产成本; c. 装配序列与产线平衡:好的装配序列和合理的装配线布局,将直接影响到装配制造系统的生产效率和产品质量
3	制造服务	a. 供应链物料采购优化:帮助企业更好地优化采购管理,帮助供应商预测企业需求; b. 云制造服务组合优化:提升云制造服务组合的柔性,在异常发生时,结合相应的调整策略自适应地进行处理; c. 维护、维修和大修(MRO)优化:考虑维修时间及维修成本,求解更为复杂的 MRO 服务调度问题

1.3.2 群体智能的发展

（1）没有免费午餐定理的启示。Wolpert 和 Macerday 提出了没有免费的午餐定理（no free lunch theorem，NFL）[38]。该定理的结论是，由于对所有可能函数的相互补偿，最优化算法的性能是等价的。也就是说，对于所有可能的问题，任意给定两个算法 A、A′，如果 A 在某些问题上表现比 A′好（差），那在其他问题上的表现就一定比 A′差（好），即任意两个算法 A、A′对所有问题的平均表现度量是完全一样的。该定理只是定义在有限的搜索空间，对无限搜索空间结论是否成立尚不清楚。在计算机上实现的搜索算法都只能在有限的搜索空间实施，所以该定理对现存的所有算法都可直接使用。因此，需要从问题本身出发，选择更合适的优化方法，提升算法性能；反之，优化方法适用于一定范围的优化问题。

（2）仍需要从理论上研究群体智能算法。首先，群体智能算法是模拟生物群体现象而提出的，缺乏统一完整的数学理论基础，各个算法的收敛性等需要进一步从理论上进行研究和分析。其次，对于群体智能算法的参数取值缺乏有效的理论参考，参数对算法的运行效果起着至关重要的作用，针对具体问题如何有效设置参数没有固定的规则可用。对于群体智能算法缺乏有效的迭代停止判断条件，现有主要判断是否满足设定的最大迭代次数，在兼顾效果和效率的同时，如何有效设置迭代终止条件也缺乏理论依据。因此，群体智能理论以及群体智能算法都需要从理论上进一步深入研究，为完善算法体系、参数设置等提供有效的理论支撑和参考。

（3）应用领域不断扩展，多学科之间进一步交叉融合。群体智能作为一个新的研究方向已经逐渐在物理、电子、通信、控制、制造以及服务优化等多个学科中交叉融合、应用和发展[39]。例如，群体智能应用在医学上对人类震颤的分析和诊断，人类震颤的分析和诊断是一个非常具有挑战性的领域，最常见的震颤形式分为两种：原发性震颤和帕金森病。通常我们很难区分正常生理性震颤和这些病理性震颤，并且还没有定义正常生理性震颤范围的精确表征。总之，未来群体智能将会与大数据、机器学习、深度学习等新技术不断融合，会在更多学科和实际问题中得到应用。

习题

1. 简述群体智能的含义及其特点。
2. 举例说明什么是群体智能算法。
3. 简述最优化问题的含义与分类。
4. 举例说明群体智能的应用。
5. 结合当前技术的发展，举例说明未来群体智能的应用场景。

参考文献

[1] BENI G,WANG J. Swarm Intelligence in Cellular Robotic Systems,Proceed[C]. NATO Advanced Workshop on Robots and Biological Systems,Tuscany,Italy,1989,26-30.

[2] KENNEDY J, EBERHART R C. Swarm Intelligence[M]. San Francisco, CA: Morgan Kaufmann,2001.

[3] KRAUSE J, RUXTON G D. Living in Groups [M]. Oxford: Oxford University Press,2002.

[4] BONABEAU E, et al. Swarm Intelligence: From Natural to Artificial Systems[M]. Oxford: Oxford University Press,1999.

[5] CAMAZINE S, et al. Self-Organization in Biological Systems[M]. Princeton: Princeton University Press,2001.

[6] KRAUSE J,RUXTON G D,KRAUSE S. Swarm intelligence in animals and humans[J]. Trends in Ecology & Evolution,2010,25(1): 28-34.

[7] IOANNOU C C. Swarm intelligence in fish The difficulty in demonstrating distributed and self-organised collective intelligence in (some) animal groups[J]. Behavioural Processes, 2016,141: 141-151.

[8] DORIGO M. Optimization,learning and natural algorithms[D]. Politecnico di Milano,Italy, 1992.

[9] 余建平,周新民,陈明. 群体智能典型算法研究综述[J]. 计算机工程与应用,2010, 46(25): 5.

[10] PARSOPOULOS K E, VRAHATIS M N. Recent approaches to global optimization problems throug h particle swarm optimization[J]. Natural Computing, 2002, 1(2): 235-306.

[11] KENNEDY J, EBERHART R. Particle swarm optimization[C]//Proceedings of IEEE International Conference on Neural Networks, Perth, 27 November-01 December 1995, 1942-1948.

[12] OUARDA Z, ANTONIO G, NICOLAS J, et al. Swarm intelligence-based algorithms within IoT-based systems: A review[J]. Journal of Parallel & Distributed Computing, 2018,177: 173-187.

[13] SLOWIK A,KWASNICKA H. Nature inspired methods and their industry applications— swarm intelligence algorithms[J]. IEEE Transactions on Industrial Informatics, 2018, 14(3): 1004-1015.

[14] PASSINO K M. Biomimicry of bacterial foraging for distributed optimization and control [J]. Control Systems Magazine,2002,22(3): 52-67.

[15] LI X L,SHAO Z J,QIAN J X . An optimizing method based on autonomous animate: Fish swarm algorithm[J]. Systems Engineering-theory & Practice,2002,22(11): 32-38.

[16] LI W W, WANG H, ZOU Z J, et al. Function optimization method based on bacterial colony chemotaxis[J]. Journal of Circuits and Systems,2005,10(1): 58-63.

[17] TEODOROVIC D, DELL' ORCO M. Bee colony optimizationa cooperative learning

approach to complex transportation problems[C]//Proc. 16th MiniEURO Conference and 10th meeting of EWGT,2005,51-60.

[18] CHU S C,TSAI P W,PAN J S. Cat Swarm Optimization[C]. International Conference on Artificial Intelligence. LNCS,2006,4099：854-858.

[19] KARABOGA D,BASTURK B. A powerful and efficient algorithm for numerical function optimization：artificial bee colony（ABC）algorithm[J]. Journal of Global Optimization, 2007,39(3)：459-471.

[20] YANG X S,DEB S. Cuckoo Search via Lévy flights[C]. 2009 World Congress on Nature & Biologically Inspired Computing（NaBIC）,2009,210-214.

[21] YANG X S. Firefly algorithms for multimodal optimization［C]//Proc International Symposium on Stochastic Algorithms,LNCS,2009,5792：169-178.

[22] KRISHNANAND K N,GHOSE D. Glowworm swarm optimisation：a new method for optimising multi-modal functions[J]. International Journal of Computational I,2009,1(1)：93-119.

[23] YANG X S. A new metaheuristic bat-inspired algorithm［C]//Proc. Nature Inspired Cooperative Strategies for Optimization（NICSO）,2010,65-74.

[24] CHEN Z H,TANG H Y. Cockroach swarm optimization［C]//Proc. 2nd International Conference on Computer Engineering and Technology,2010,652-655.

[25] RAJAKUMAR B R. The Lion's Algorithm：A new nature-inspired search algorithm[J]. Procedia Technology,2012,6：126-135.

[26] TANG R,FONG S,YANG X S,et al. Wolf search algorithm with ephemeral memory ［C]//Proc. Seventh International Conference on Digital Information Management （ICDIM）,2012,165-172.

[27] XING B,GAO W J. Fruit fly optimization algorithm［C]//Innovative Computational Intelligence：A Rough Guide to 134 Clever Algorithms,2013,167-170.

[28] CUEVAS E,CIENFUEGOS M,ZALDIVAR D,et al. A swarm optimization algorithm inspired in the behaviour of the social-spider[J]. Expert Systems with Applications,2013, 40(16)：6374-6384.

[29] WU T Q,YAO M,YANG J H. Dolphin swarm algorithm[J]. Frontiers of Information Technology and Electronic Engineering,2016,17(8)：717-729.

[30] MIRJALILI S,LEWIS A. The whale optimization algorithm[J]. Advances in Engineering Software,2016,95：51-67.

[31] 孙嘉泽,王曙燕.群体智能优化算法及其应用[M].北京：科学出版社,2017.

[32] ANDRIES P E.计算智能基础[M].谭营,译.北京：清华大学出版社,2009.

[33] 王培崇.群体智能算法及其应用[M].北京：电子工业出版社,2015.

[34] 程适,王锐,伍国华,等.群体智能优化算法[J].郑州大学学报（工学版）,2018,39(6)：1-2.

[35] 赵吉.群体智能算法研究及其应用[D].无锡：江南大学,2010.

[36] 王凌.智能优化算法及其应用[M].北京：清华大学出版社,2001.

[37] MAVROVOUNIOTIS M,LI C,YANG S. A survey of swarm intelligence for dynamic optimization：Algorithms and applications[J]. Swarm and Evolutionary Computation, 2017,33：1-17.

[38] WOLPERT D H,MACREADY W G. No free lunch theorems of search[R]. Technical Report SFI-TR-95-02-010,Santa Fe Inst,Sante Fe,New Mexico,1995. Availbale: citeseer. nj. nec. com/wolPert95no. hmtl.

[39] LI X Y,ZHANG C J. Some new trends of intelligent simulation optimization and scheduling in intelligent manufacturing[J]. Service Oriented Computing and Applications, 2020,14: 149-151.

第2章

典型群体智能算法

2.1 蚁群算法

2.1.1 蚁群算法的起源

蚁群算法是由意大利学者 Marco Dorigo 在欧洲人工生命会议上提出的一种模拟蚂蚁觅食行为的算法。1996 年 Marco Dorigo 等学者发表文章 *Ant system optimization by a colony of cooperating agents* 进一步阐述了蚁群算法的核心思想[1]。

生物学研究表明,蚂蚁在觅食的过程中通过释放信息素进行交流,信息素的浓度决定了蚂蚁的移动方向,信息素浓度高的路线被后来蚂蚁选中的概率更大。当有蚂蚁选择了没有信息素的路径,代表新的搜索路线被发现,并在新的路线上留下信息素。蚂蚁数量一定时,在蚁群的觅食过程中,较短的路线上单位时间内经过的蚂蚁数量会多于其他路径,这样留下的信息素浓度也会增加,按照蚂蚁觅食的特性,由此会形成一种正反馈机制:较短路径上的信息素浓度越来越大,其他路径上信息素浓度则相对较少,最终整个蚁群在这种自组织作用下搜索出蚁穴与食物源间的最短路径。这里用图 2-1 说明蚁群发现最短路径的原理和机制[2]。

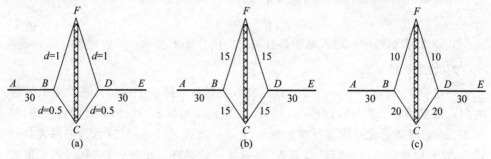

图 2-1　自然界中蚁群路径搜索示意图

(a)基本信息;(b)开始觅食;(c)觅食路径

如图 2-1 所示。设 A 点为蚁穴，E 点为食物源，CF 为蚁穴 A 与食物源 E 之间某一无法跨越的障碍物，蚂蚁只能经由 C 或 F 才能往返蚁穴 A 和食物源 E，其中距离 $BF=DF=2BC=2CD$。设某一时刻，各有 m 只蚂蚁分别从 $A(E)$ 出发到达 $E(A)$。则在起始阶段，由于各路径的初始信息素均匀分布（均为 0），位于 B 点和 D 点的蚂蚁将以相同概率随机选取 BC、CD、BF、FD 等路径，并在所经路径上释放信息素。由于路径 BCD 的长度是路径 BFD 的一半，单位时间内经过路线 BCD 的蚂蚁数量会多于路线 BFD 的蚂蚁数量，路线上保留的信息素浓度相对也较多。根据蚂蚁偏向选择高浓度信息素路径的特性，某段时间后路径 BCD 上的信息素浓度将是路径 BFD 上的 2 倍，如图 2-1(c)所示。随着信息素的积累，蚂蚁在这种正反馈机制作用下将完全选择路径 BCD，由此完成了蚁穴 A 到食物源 E 间最短路径的搜索。

上述是蚁群算法的基本思想。将这一思想应用到实际的优化问题的思路为：首先将实际的待优化问题抽象为蚂蚁的觅食问题，每只蚂蚁的觅食路径看作一个可行解，所有蚂蚁的觅食路径构成整个解空间。蚁群最终找到的最短觅食路径，即为问题的最优解。蚁群的整个觅食过程就是算法寻优的过程。（可参见二维码）。

蚁群算法中蚂蚁与真实蚂蚁的差异及其特点

蚁群算法可以抽象为寻找蚂蚁从蚁穴出发，通过各个给定的食物源，最终回到蚁穴的最短路径的方法。具体的建模和实现过程如下：假设有 n 个食物源，食物源 i 与食物源 j 之间的距离为 $d_{ij}(i,j=1,2,\cdots,n)$，求解蚂蚁从某一食物源出发走过所有食物源的最短路线（走过的食物源只能去一次）。很容易可以建立最短食物源路径的目标函数如式(2-1)所示。

$$\min(\text{distance}) = \sum_{i}^{n}\sum_{j}^{n}d_{ij} \tag{2-1}$$

为了方便建立蚁群算法模型，通常做出以下的规定：①蚂蚁从某一食物源出发，每一个食物源只能到达一次；②蚂蚁在经过的路径上一定会留下一定浓度的信息素；③蚂蚁选择下一个食物源的概率符合状态转移规则。

根据蚁群算法的求解思路，对算法的关键步骤进行建模，包括信息素初始化、状态转移规则和信息素的更新。

1. 信息素初始化

在初始时刻，各条路径上信息量相等，设 $\tau_{ij}(0)$ 为常量，即

$$\tau_{ij}(0) = \text{const} \tag{2-2}$$

式(2-2)表示初始时刻各路径具有相等的信息素浓度，const 为常数。

2. 状态转移规则

蚂蚁 $k(k=1,2,\cdots,m)$ 在运动过程中，根据各条路径上的信息量决定其转移方向。这里用禁忌表 $tabu_k(k=1,2,\cdots,m)$ 来记录蚂蚁 k 当前所走过的食物源，禁忌表 $tabu_k$ 随着进化过程进行动态调整，计算一次循环的路径长度后，禁忌表将被清空，这只蚂蚁再重新进行选择起点，进行新一轮循环。在搜索过程中，蚂蚁根据各条路径上的信息量及路径的启发信息来计算状态转移概率[3]。在给定停止条件

内的每次迭代循环中,蚂蚁 k 根据式(2-3)计算的转移概率 $P_{ij}^k(t)$ 独立选择下一个尚未访问的食物源,并将当前选取的食物源,记录在禁忌表 $tabu_k(k=1,2,\cdots,m)$ 中。

$$P_{ij}^k(t)\begin{cases}\dfrac{[\tau_{ij}(t)]^\alpha\cdot[\eta_{ij}(t)]^\beta}{\sum\limits_{s\in allowed_k}[\tau_{is}(t)]^\alpha\cdot[\eta_{is}(t)]^\beta}, & j\in allowed_k\\0, & 其他\end{cases}\tag{2-3}$$

式(2-3)中,$P_{ij}^k(t)$ 表示在 t 时刻蚂蚁 k 由元素(食物源)i 转移到元素(食物源)j 的状态转移概率;$allowed_k$ 为第 k 只蚂蚁下一步允许访问的所有食物源,$allowed_k=C-tabu_k$,C 为食物源的集合;α 为信息启发因子,反映信息素对蚂蚁选择路径时的影响程度,其值越大,则该蚂蚁更倾向于选择其他蚂蚁经过的路径;β 为期望启发式因子,反映启发函数 η_{ij} 的重要程度,其值越大,则该状态转移概率越接近于贪心规则;$\eta_{ij}(t)$ 为启发式函数,其表达式如下:

$$\eta_{ij}(t)=\frac{1}{d_{ij}}\tag{2-4}$$

式(2-4)中,d_{ij} 表示相邻两个食物源之间的距离。对蚂蚁 k 而言,d_{ij} 越小,则 $\eta_{ij}(t)$ 越大,$P_{ij}^k(t)$ 也就越大。显然,该启发函数表示蚂蚁从元素(食物源)i 转移到元素(食物源)j 的期望程度。

3. 信息素更新

当蚂蚁把每一个食物源都走过了以后,就构建出了一个完整的可行解。但是如果不断累计信息素则会造成信息素过多,就会影响启发信息的作用,所以此时就要对路径上的信息素进行更新,以此来避免信息素所造成的影响。按式(2-5)对构成当前可行解的各路径节点信息做更新处理。

$$\left.\begin{aligned}\tau_{ij}(t+n)&=(1-\rho)\cdot\tau_{ij}(t)+\Delta\tau_{ij}(t)\\\Delta\tau_{ij}(t)&=\sum_{k=1}^m\Delta\tau_{ij}^k(t)\end{aligned}\right\}\tag{2-5}$$

式(2-5)中,$\Delta\tau_{ij}$ 为本次搜索中所有蚂蚁在路径(i,j)上的信息素增量;$\Delta\tau_{ij}^k(t)$ 为蚂蚁 k 在路径(i,j)上释放的信息素量。蚂蚁所经过的节点之间的距离越小,在该路径上留下的信息素浓度也随之增大,即 $\Delta\tau_{ij}^k(t)$ 值越大,否则越小。为了避免产生局部最优,最优路径上信息素浓度并不是一直增大,$(1-\rho)$ 表示轨迹信息素的衰减系数,控制路径上的信息素浓度,其中 ρ 取值为 $\rho\in(0,1)$。

根据信息素更新策略的不同,蚁群算法模型分为以下三种类型:蚁周模型(Ant-Cycle)、蚁量模型(Ant-Quantity)、蚁密模型(Ant-Density)。三者的主要区别就是:在蚁量和蚁密系统中,信息素的更新主要是在蚂蚁选择一个节点之后完成的,采用的是局部信息素更新;而在蚁周系统中,路径中的信息素主要是在一次迭代完成后更新的,即全局信息素更新。经过一系列的实验验证,蚁周系统算法更加优于其他两种算法模型。它们的区别如表 2-1 所示。

表 2-1　蚁群算法模型

分　类	信息素增量	信息素更新时间	信息素形式
Ant-Cycle	Q/L_k	第 k 只蚂蚁完成一次路径搜索后对所有路径信息素进行更新蚂蚁每完成一步后更新该路径上的信息素	信息素增量与本次搜索的整体路径有关,属于全局信息更新利用蚂蚁所走路径上的信息进行更新,属于局部更新
Ant-Quantity	Q/d_{ij}		
Ant-Density	Q		

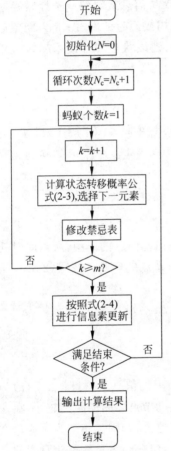

图 2-2　蚁群算法的求解流程

2.1.2　蚁群算法的求解流程

根据上述对蚁群算法的介绍,可以得到蚁群算法的求解流程如图 2-2 所示。

蚁群算法的具体实现步骤如下。

(1) 参数初始化。令时间 $t=0$ 和循环次数 $N_c=0$,设置最大循环次数 N_{cmax},将 m 只蚂蚁置于 n 个元素(食物源)上,令有向图上每条边(食物源 i 和 j 之间的路径)的初始化信息量 $\tau_{ij}(0)=\text{const}$,其中 const 表示常数,且初始时刻 $\Delta\tau_{ij}(0)=0$。

(2) 循环次数 $N_c \leftarrow N_c+1$。

(3) 蚂蚁的禁忌表索引号 $k=1$。

(4) 蚂蚁数目 $k \leftarrow k+1$。

(5) 蚂蚁个体根据状态转移概率公式(2-3)计算的转移概率,并选择下一个到达的元素(食物源) j,$j \in \{C-tabu_k\}$。

(6) 修改禁忌表指针,即选择好之后将蚂蚁移动到新的元素(食物源),并把该元素(食物源)移动到该蚂蚁个体的禁忌表中。

(7) 若集合 C 中元素(食物源)未遍历完,即 $k < m$,则跳转到步骤(4),否则执行步骤(8)。

(8) 根据式(2-5)更新每条路径上的信息素。

(9) 若满足结束条件,即如果循环次数 $N_c \geq N_{cmax}$,则循环结束并输出程序计算结果,否则清空禁忌表并跳转到步骤(2)。

2.1.3　典型应用案例

1. 案例描述

一个旅行商人要拜访全国 31 个省会城市,首先从某省会城市出发,希望能够找到一条最短路径,途经给定的所有省会城市,最后返回原出发省会城市,并且各省会城市都被访问一次且仅有一次后再回到原出发省会城市,要求找出一条最短的巡回路径。已知 31 个省会坐标 $C=[$1304 2312; 3639 1315; 4177 2244; 3712 1399; 3488 1535; 3326 1556; 3238 1229; 4196 1004; 4312 790; 4386 570; 3007 1970; 2562 1756; 2788 1491; 2381 1676; 1332 695; 3715 1678; 3918 2179; 4061 2370; 3780 2212; 3676 2578; 4029 2838; 4263 2931; 3429 1908; 3507 2367; 3394 2643; 3439 3201; 2935 3240; 3140 3550; 2545 2357; 2778 2826; 2370 2975$]$,距离单位为 km。

2. 求解过程

蚁群算法求解 TSP 问题相关算法参数设置如表 2-2 所示。

表 2-2　算法参数设置

参　　　数	蚁　群　算　法
蚂蚁数目 m	50
信息启发式因子 α	1
期望启发式因子 β	5
挥发系数 ρ	0.1
信息素强度 Q	100
最大迭代次数 N_{cmax}	200

详细的求解步骤如下。

1) 初始化信息素

将 m 只蚂蚁随机放到 n 个城市,每只蚂蚁的禁忌表为蚂蚁当前所在城市,各边信息初始化为 c。禁忌表体现了人工蚂蚁的记忆性,使得蚂蚁不会走重复道路,提高了效率。

2) 构造路径

在 t 时刻,蚂蚁 k 从城市 i 转移到城市 j 的概率为

$$P^k(i,j)=\begin{cases}\dfrac{\tau(i,j)^\alpha\times\varphi(i,j)^\beta}{\displaystyle\sum_{s\in J_k(i)}\tau(i,j)^\alpha\times\varphi(i,j)^\beta}, & j<J_k\\[3mm]0, & \text{其他}\end{cases} \qquad (2\text{-}6)$$

$tabu_k$ 是保存了每只蚂蚁 k 已经访问过的城市集合,$J_k=\{N-tabu_k\}$。式中 α,β 是系统参数,分别表示信息素、距离对蚂蚁选择路径的影响程度。$\tau(i,j)$ 表示边 $L(i,j)$ 上的信息素强度,$\varphi(i,j)$ 表示可根据由城市 i 到城市 j 的期望程度,可根据启发式算法具体确定,一般为 $\dfrac{1}{d_{ij}}$。$\alpha=0$,算法演变成传统的随机贪婪算法最邻近城市被选中概率最大;$\beta=0$,蚂蚁完全只根据信息度浓度确定路径,算法将快速收敛,这样构出的路径与实际目标有着较大的差距。实验表明,设置 $\alpha=1\sim2,\beta=2\sim5$ 比较合适。

3）更新信息素

在所有蚂蚁找到一条合法路径后对信息进行更新。

$$\tau_{ij}(t+1)=(1-\rho)\tau_{ij}(t)+\sum_{m}\Delta\tau_{ij}^{k}(t,t+1) \tag{2-7}$$

$$\Delta\tau_{ij}^{k}(t,t+1)=\begin{cases}\dfrac{Q}{L_k}, & \text{若蚂蚁经过}(i,j)\\ 0, & \text{其他}\end{cases} \tag{2-8}$$

式中，ρ 为信息素的挥发速率，为小于 1 的正数，一般取 0.5，之所以这样做，一方面为了防止信息素的无穷累积，另一方面也是为了提高系统搜索更好可行解的能力，以避免较早地失去探索新路径的能力；$\Delta\tau_{ij}^{k}$ 表示蚂蚁 k 放置在边上 $L(i,j)$ 的信息素强度；Q 表示蚂蚁所留轨迹为正常数（10，10 000）；L_k 表示第 k 只蚂蚁在本次周游中所走过的路径的长度和。

4）输出结果

若迭代次数小于预定的迭代次数且无退化行为（找到的都是相同的解），则转到步骤 2）；否则，输出目前的最优解。

3. 案例结果

图 2-3 中横坐标代表城市 X，纵坐标代表城市 Y。图 2-4 中横坐标代表算法迭代次数，纵坐标代表找到的当前最短路径长度，实线曲线表示的是采用蚁群算法得到的平均距离收敛曲线图，虚线曲线是采用蚁群算法得到的最短距离收敛曲线图。由图 2-3 可知，随机选择的某一次实验结果，蚁群算法测试 TSP 问题的最短距离是

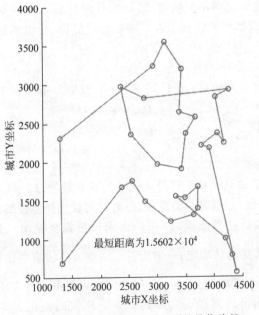

图 2-3　蚁群算法求解 TSP 问题的最优路径

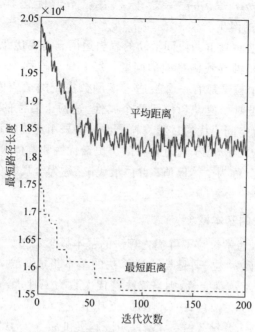

图 2-4　平均距离和最短距离收敛轨迹

$1.5602 \times 10^4 \mathrm{km}$，即最优解。此外，从图 2-4 中可以看出，在迭代 90 次左右之后算法每次迭代最优解收敛曲线收敛，达到最优解。

2.2　粒子群优化算法

2.2.1　粒子群优化算法的起源

粒子群优化算法源于对鸟群活动的研究。20 世纪 70 年代许多学者对鸟群的群体性活动进行了深入研究。生物学家 Reynolds 提出了 Boids 模型，用来模拟鸟群聚集飞行的行为。在这个模型中每个个体都遵守三条规则：避免碰撞、速度一致、向中心聚集。该模型的仿真结果与自然界鸟群时而聚集时而分散的飞行特性基本一致。验证了鸟群个体的飞行轨迹与邻近个体的行为有关。生物学家 Frank Heppner 对鸟群的趋同性进行了深入研究，建立了这样的鸟群运动模型：一群小鸟在空中漫无目的地飞行，当群体中的一只小鸟发现栖息地时，它会飞向这个栖息地，同时也会将它周围的小鸟吸引过来，而它周围的这些鸟也将影响群体中其他的小鸟，最终将整个鸟群引向这个栖息地。研究发现，鸟群的同步飞行只是建立在每只鸟对邻近鸟的局部感知，而并不存在一个集中控制者。

以上的研究说明，个体间的信息传递，有助于种群的协作进化。这就是粒子群算法的核心思想。受这一思想的启发，1995 年 Kennedy 和 Eberhart 发表了

Particle Swarm Optimization 一文,标志着粒子群优化算法(particle swarm optimization,PSO)的诞生[4]。

粒子群优化算法将鸟群的协同活动的思想运用到需要优化的实际问题中。待优化问题被抽象为鸟群寻找栖息地的问题;每一只鸟被称为一个粒子,代表问题的一个潜在解;每个粒子都有一个被适应度函数决定的适应度值,来判定当前解的优劣;每个粒子被赋予速度和位置两个属性,这两个属性的变化决定粒子的变化,实现了个体在解空间寻优的过程。粒子群算法采用迭代的计算方法,进行种群的进化,在每一次迭代中,粒子通过自身的历史最优解和群体最优解更新自己的状态,自身历史最优解,称为个体极值;群体最优解,称为全局极值,最终的全局最优解即为问题的最优解。

1. 粒子群算法的基本概念

为了方便表述,通常对粒子群优化算法的基本概念定义如下[5]。

定义 2.1 粒子。"粒子"是粒子群算法的基本组成单位,代表解空间的一个候选解。设解向量为 d 维变量,则当算法迭代次数为 t 时,第 i 个粒子 $x_i(t)$ 可表示为 $x_i(t)=[x_{i1}(t),x_{i2}(t),\cdots,x_{id}(t)]$。其中,$x_{id}(t)$ 表示第 i 个粒子在第 d 维解空间中的位置。$x_{id}(t)\in[x_{d\min},x_{d\max}]$,$x_{d\min}$ 和 $x_{d\max}$ 为第 d 维空间坐标的最小值和最大值,根据实际问题取值。

定义 2.2 种群。粒子算法中的种群(population)是由 n 个粒子组成,代表 n 个候选解。经过 t 次迭代产生的种群表示为 $\mathrm{pop}(t)=[x_1(t),x_2(t),\cdots,x_i(t),\cdots,x_n(t)]$,其中,$x_i(t)$ 为种群中的第 i 个粒子。

定义 2.3 粒子速度。粒子速度表示为 $v_i(t)=[v_{i1}(t),v_{i2}(t),\cdots,v_{ik}(t)]$,代表粒子在单次迭代中位置的变化。其中,$v_{ik}(t)$ 为第 i 个粒子在第 k 维的速度值。$v_{ik}(t)\in[v_{k\min},v_{k\max}]$,$v_{k\min}$ 和 $v_{k\max}$ 表示第 k 维速度的最小和最大值,根据实际问题取值。

定义 2.4 适应度值。适应度值由优化目标决定,用于评价粒子的搜索性能,指导整个种群的搜索。算法迭代停止时适应度值最优的解变量即为优化搜索的最优解。

定义 2.5 个体极值。个体极值 $P_i=(P_{i1},P_{i2},\cdots,P_{id})$ 表示第 i 个粒子从搜索开始到当前迭代时找到的适应值最优的解。

定义 2.6 全局极值。全局极值 $g=(g_1,g_2,\cdots,g_d)$ 是整个种群从搜索开始到当前迭代时找到的适应值最优的解。

以上的六个定义包括了粒子群算法的基本要素,在实际的应用中,种群的大小、适应度值的计算方法、粒子的位置维度、速度维度、个体极值维度和全局极值的维度,一般根据实际的问题确定。在算法求解时,首先确定上述参数,并按照一定规则或是随机初始化种群中的个体。

粒子群算法是采用迭代的方式在解空间寻优的,即首选给定一组解,然后算法在一定的规则指导下，不断更新解，并最终找到最优解。根据粒子群算法的核心思想，在每一次迭代中，粒子通过个体极值与全局极值更新自身的速度和位置，迭代公式如下：

$$v_{i+1} = v_i + c_1 \times r_1 \times (p_i - x_i) + c_2 \times r_2 \times (g_i - x_i) \tag{2-9}$$

$$x_{i+1} = x_i + v_i \tag{2-10}$$

式中，r_1 和 r_2 是均匀分布在 $[0,1]$ 之间的随机数；c_1 和 c_2 是学习因子，通常取 $c_1 = c_2 = 2$；v_{i+1} 表示粒子更新之后的新的速度；x_i 表示当前位置或当前解；x_{i+1} 表示更新之后的新位置或新解。式(2-9)和式(2-10)为粒子群优化算法的原始优化模型；式(2-9)右边由三部分组成，第一部分 v_i 是粒子对自身速度的继承，第二部分 $c_1 \times r_1 \times (p_i - x_i)$ 是对自身经验的学习，第三部分 $c_2 \times r_2 \times (g_i - x_i)$ 是种群信息共享的过程，粒子向种群经验进行学习。

2. 粒子群优化模型

粒子群优化模型也可称为迭代公式，用于控制粒子的进化过程。优化模型决定了粒子群算法的性能和适用范围。粒子群算法自诞生以来，不同领域的研究人员提出了各种各样的粒子群模型。下面介绍其中一种带惯性权重的粒子群优化模型(其他模型可参见二维码)。

Shi 与 Eberhart 研究发现[6]，在粒子群的进化过程中，当式(2-9)第一部分 v_i 起主导作用时，整个种群的多样性较好，种群有扩大搜索空间、搜索新区域的趋势，当第二部分、第三部分起主导作用时，种群具有较强的局部搜索能力。在实际的优化问题中通常希望算法能够尽可能在较大的空间搜索，从而避免获得局部最优解，同时又希望算法能快速收敛于某一区域，然后采用局部搜索以获得高精度的解。因此，Shi 与 Eberhart 在式(2-9)的 v_i 前乘以惯性权重(inertia weight)w 用来协调算法的全局和局部搜索能力。带惯性权重系数的粒子群优化模型为

粒子群优化的其他模型

$$v_{i+1} = w \times v_i + c_1 \times r_1 \times (p_i - x_i) + c_2 \times r_2 \times (g_i - x_i) \tag{2-11}$$

$$x_{i+1} = x_i + v_i \tag{2-12}$$

较大的惯性权重有利于种群进行全局搜索，而较小的惯性权重则使种群倾向于局部搜索。一般的做法是将 w 初始为 0.9 并使其随迭代次数的增加线性递减至 0.4，以达到上述期望的优化目的。采用何种递减方式才能使算法性能最优，也成为一个重要的研究分支。最早 Shi 与 Eberhart 采用了线性递减策略：

$$w(t) = w_{\max} - \frac{w_{\max} - w_{\min}}{T} \times t \tag{2-13}$$

式中，$w_{\max}$，$w_{\min}$ 分别为最大权重系数和最小权重系数；T 为迭代次数；t 为当前迭代次数。

在粒子群算法的发展过程中，线性权重策略也被不断改进，使得算法性能有了较好改善。但 PSO 的实际搜索过程是非线性且高度复杂的，惯性权重 w 线性递减的策略往往不能反映实际的优化搜索过程。例如，对于目标跟踪问题，就需要优

化算法拥有非线性搜索的能力以适应动态环境的变化。先后又出现了先减后增非线性策略、带阈值的非线性递减策略和采用模糊系统动态地改变惯性权重策略等，丰富了粒子群算法的优化模型，改善了算法的性能。

2.2.2 粒子群优化算法的求解流程

粒子群优化算法采用基于迭代的计算方式，完成粒子群的进化，其基本的求解流程如图 2-5 所示。

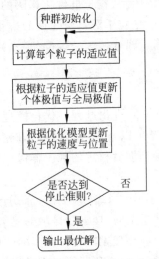

图 2-5 粒子群优化算法的求解流程

粒子群优化算法的具体执行步骤。

（1）初始化粒子群。主要是设定粒子群的各种参数，包括种群的大小、迭代次数、学习因子 c_1 和 c_2，空间位置的上下限 $x_{d\min}$ 和 $x_{d\max}$、速度上下限 $v_{k\min}$ 和 $v_{k\max}$。为每一个粒子设定 v_i 和 x_i。

（2）计算粒子适应值。通过评价函数为每个粒子计算适应值，更新粒子极值 P_i 和全局极值 g。

（3）更新粒子状态。通过优化模型更新粒子的速度 v_i 和位置 x_i。同时要保证在给定的取值范围，如果超过取值范围，参数需要从新设定，一般取边界值。

（4）判定结束条件。通常的结束条件有两种，一种是到达给定的迭代次数，一种是适应度值取到需要的结果。

2.2.3 典型应用案例

1. 案例描述和参数设置

采用陈丽丽[7]提出的实验案例，求解 7 个多维函数最小值，来测试 PSO 算法的性能，下面是 7 个函数的解析式：

$$f_1(x) = \sum_{i=1}^{n} x_i^2$$

$$f_2(x) = \sum_{i=1}^{n} |x_i| + \prod_{i=1}^{n} |x_i|$$

$$f_3(x) = \sum_{i=1}^{n} \left[100(x_{i+1} - x_i^2)^2 + (1 - x_i)^2 \right]$$

$$f_4(x) = \sum_{i=1}^{n} \left[x_i^2 - 10\cos(2\pi x_i) + 10 \right]$$

$$f_5(x) = \sum_{i=1}^{n} i \times x_i^4 + random(0,1)$$

$$f_6(x) = \sum_{i=1}^{n} \left(\sum_{j=1}^{i} x_j \right)^2$$

$$f_7(x) = \max\{|x_i|, 1 \leqslant i \leqslant n\}$$

采用带惯性权重的粒子群优化模型,粒子的速度和位置按式(2-11)和式(2-12)进行更新。所用到的函数的部分参数如表 2-3 所示,其他的实验参数设置如下:算法的群体大小都为 10,最大速度为测试函数的范围一半,最大迭代次数为 5000,惯性权重 $\omega = 0.72984$,学习因子 $c_1 = c_2 = 1.4961$。

表 2-3　函数及其实验参数

函　　数	取值范围	维　　数	理论最优值
f_1	$[-100, 100]$	30	$f_1(0) = 0$
f_2	$[-10, 10]$	30	$f_2(0) = 0$
f_3	$[-30, 30]$	30	$f_3(0) = 0$
f_4	$[-5.12, 5.12]$	30	$f_4(0) = 0$
f_5	$[-1.28, 1.28]$	30	$f_5(0) = 0$
f_6	$[-100, 100]$	30	$f_6(0) = 0$
f_7	$[-100, 100]$	30	$f_7(0) = 0$

2. 求解流程

问题求解的具体步骤如下。

(1) 随机初始化种群中每个粒子的速度和位置。

(2) 使用函数 $f_i(x)$ 计算每个粒子的适应度值。

(3) 寻找种群中的个体极值 p_i 和种群极值 g_i。

(4) 判断是否满足种群进化代数,如果满足输出 g_i(g_i 为优化得到的最优解),求解完成;否则跳转到步骤(5)。

(5) 按照式(2-11)和式(2-12)更新粒子的速度和位置,然后跳转到步骤(2)。

3. 结果分析

为了避免偶然因素带来的计算结果不准确,上述的七个测试函数,均运行 20 次。得到表 2-4 中计算结果,统计了算法的最好适应度值、最差适应度值、平均适应度值和方差。

表 2-4　粒子群优化算法的求解结果

函　　数	最好适应度值	最差适应度值	平均适应度值	方　　差
f_1	7.711×10^{-10}	5.371×10^{-2}	5.550×10^{-3}	1.605×10^{-2}
f_2	3.260×10^{-3}	10.330	1.951	0.540

续表

函 数	最好适应度值	最差适应度值	平均适应度值	方 差
f_3	9.5186	214.127	83.141	48.511
f_4	40.793	94.520	61.988	3.141
f_5	0.026	0.340	0.199	0.218
f_6	0.0025	40.400	4.166	11.096
f_7	1.295	6.427	3.306	1.637

根据表 2-4 中数据可以看到,函数 f_1 通过粒子群算法找到的解,已经十分接近函数的理论最优解,而且在 20 次求解过程中解的波动较小。这说明,粒子群算法能够有效解决非线性函数的优化问题。

2.3 蜂群算法

2.3.1 蜂群算法的起源

蜜蜂是一种典型的群居昆虫。蜂群由蜂王、雄蜂和工蜂组成,蜂王负责繁殖后代,雄蜂除了和蜂王交配外还负责警备工作,工蜂负责抚养后代和觅食等工作。一个蜂群中,工蜂占大多数,工蜂根据工作需要又分为不同的工种。在整个蜂群中,单个蜜蜂的行为极其简单,通过不同角色的蜜蜂分工合作、各负其责,整个蜂群通过大家的交流协作有条不紊地开展工作,表现出了复杂的智能行为。由于蜜蜂行为活动的复杂性,根据不同分工蜜蜂的活动机理,研究人员提出了不同的蜂群算法,典型的两种算法为人工蜂群算法(artificial bee colony algorithm,ABC 算法)与蜜蜂交配优化(honey bees mating optimization,HBMO)算法。

ABC 算法是一种以蜜蜂采蜜机理为基本原理的仿生群体智能优化算法。在采蜜过程中,蜂群能够快速地发现蜜源,准确地采集到花蜜,在蜜蜂群的觅食行为中,蜂群中负责寻找蜜源的蜜蜂四处探索,寻找合适的食物源。当蜜蜂发现蜜源之后,会飞回蜂巢跳一种圆圈舞蹈或"8"字形舞蹈,舞蹈动作及幅度与蜜源到蜂巢的距离、花蜜的多少及花蜜的品种、质量等有关。它是蜜蜂独有的交流方式。通常情况下,蜂巢中有一个公共的舞蹈区域,当蜜蜂发现新的蜜源时,它首先回到舞蹈区以不同舞姿的方式把蜜源的信息传递给其他的蜜蜂。而其他负责觅食的蜜蜂根据舞姿的不同判断到哪个蜜源采蜜,逐渐地所有的采蜜蜂都会选择到蜂蜜质量较好的蜜源采蜜。当一个蜜源被开采殆尽时,蜜蜂会放弃这个蜜源,同时寻找新的食物源。在蜜蜂的这种采蜜机制下,通过蜜蜂之间的交流和合作,完成整个蜂群觅食的任务。ABC 算法利用蜜蜂觅食的自组织特性,通过蜜蜂不断地搜索和探索来完成解的更新。在现实的蜜蜂群中,蜂群包含三个基本要素:蜜源、雇佣蜂、非雇佣蜂,以及两种主要的行为模式:蜜源招募蜜蜂和放弃食物源。蜜源的好坏由多种因素决定,如蜜源到蜂巢的距离、蜂蜜的多少及开采的难易等。为了简单起见,用收益来表示蜜源的好坏。雇佣蜂是指正在某个蜜源采蜜或已经被这个蜜源雇佣的蜜蜂。它们会把这个蜜源的信息,如离蜂巢的距离和方向、蜜源的收益等通过舞蹈的方式告知其他的蜜蜂。非雇佣蜂包括侦查蜂和跟随蜂,侦查蜂四处探索寻找新的蜜源。一般来说,侦查蜂的数量为蜂群总数的 5%～10%。跟随蜂在舞蹈区等待由雇佣蜂带回的蜜源信息,根据舞蹈信息决定到哪个蜜源采蜜。较大收益的蜜源,可以招募到更多的蜜蜂去采蜜。

HBMO 算法是一种模拟蜜蜂繁殖行为的群体智能算法。一个完整的蜂群一般由蜂王、雄蜂、工蜂三种蜜蜂组成,三种类型的蜜蜂在蜂群中的职责各不相同。蜂王是蜂群中唯一具有生殖功能的蜜蜂,在蜂群中负责与雄蜂交配产下幼蜂;工蜂负责照顾和培养幼蜂;雄蜂负责与蜂王交配。HBMO 算法的优化流程模拟的是蜂群中蜜蜂的繁殖行为。首先,蜂王从蜂巢中飞出跳舞,一群雄蜂追随蜂王;然后,蜂王选择不同的雄蜂与之交配,将雄蜂的精子存储至蜂王的受精囊中;最后,蜂王飞回蜂巢产下幼蜂,由工蜂照顾产下的幼蜂。蜂王可以进行多次交配,但是雄蜂在交配之后就会死亡。蜂王在开始飞行前会被赋予一定的能量值和速度值,每次与雄蜂进行交配之后,蜂王的速度值和能量值会有一定的衰减;当蜂王的速度值和能量值低于一定的阈值或当蜂王的受精囊填满之后,蜂王会飞回蜂巢进行产卵。雄蜂依照一定的概率值与蜂王进行交配,在交配飞行之后,蜂王利用受精囊中雄蜂的基因型产卵,生成幼蜂,幼蜂中包含有不同雄蜂的基因型。工蜂在蜂群中负责照顾幼蜂,可改善幼蜂的基因型。每一个幼蜂随机选择一个工蜂对其进行改进,如果幼蜂的适应度值比蜂王的适应度值好,则此幼蜂取代原始的蜂王成为新的蜂王。在蜂群不断的繁殖进化过程当中,蜂王能够不断地被具有更好的适应度值的幼蜂所取代,这一过程可以类比进化算法的进化过程,当蜂群进化完成之后,最终的蜂王就是寻优过程找到的问题最优解。

2.3.2　人工蜂群算法的求解流程

根据前文对 ABC 算法的描述,在算法实现过程中,每一个食物源表示所要优化问题中的一个可行解,种群中的每个个体表示一个食物源,种群的大小代表食物源的个数,设优化问题的可行解为 D 维向量 $\boldsymbol{X}=\{x_1,x_2,\cdots,x_D\}$,$D$ 表示优化参数的个数,可行解的个数为 N 的种群为 $\boldsymbol{S}=\{\boldsymbol{X}_1,\boldsymbol{X}_2,\cdots,\boldsymbol{X}_N\}$。关键步骤如下[8]:

1) 种群初始化

对种群初始化是在可行范围内随机生成了一定数量的食物源(SN 个),食物源的初始位置根据如下公式生成。

$$x_i^j = x_{\min}^j + rand[0,1](x_{\max}^j - x_{\min}^j) \tag{2-14}$$

$$i=\{1,2,\cdots,SN\}, \quad j=\{1,2,\cdots,D\}$$

式中,x_i^j 为第 i 个食物源 x_i 的第 j 维;rand[0,1]表示 0～1 之间的随机小数;

$x_{\max}^j$ 和 $x_{\min}^j$ 表示食物源 x_i 第 j 个优化参数的最大值与最小值。

2）雇佣蜂与跟随蜂的邻域搜索

算法在雇佣蜂阶段采用式（2-15）搜索初始食物源附近的食物源位置，展开局部搜索，且判断出每一个食物源的花蜜量（计算适应度），从而评价食物源的优劣，该值越大则表示可行解的质量越好。采用贪婪机制选择食物源，如果新产生的食物源优于原食物源，则保留新产生的食物源，否则仍保留原始食物源。

$$v_i^j = x_i^j + r_i^j(x_i^j - x_k^j) \tag{2-15}$$

式中，x_k 为相邻的食物源；x_i 为当前的食物源；$k = \{1,2,\cdots,SN\}$，$k \neq i$；r_i 为 $[-1,1]$ 之间的随机数。

在跟随蜂阶段，跟随蜂在选择雇佣蜂之前要先依据选择概率公式（2-16）选择雇佣蜂所对应的食物源，确定雇佣蜂后再次根据式（2-15）进行局部搜索，使用贪婪算法保留较优解。

$$P_i = \frac{fit_i}{\sum\limits_{n=1}^{N} fit_n}, \quad i = 1,2,\cdots,SN \tag{2-16}$$

$$fit_i = \begin{cases} \dfrac{1}{1+f_i}, & f_i > 0 \\ 1 + |f_i|, & f_i < 0 \end{cases} \tag{2-17}$$

式中，fit_i 为 i 个体的适应度值；f_i 为目标函数值。

3）侦查蜂阶段

若某个食物源在经过多次迭代循环后，解的质量没有得到改善，应考虑遗弃该食物源，相应的跟随蜂或者雇佣蜂转变为侦查蜂，根据式（2-14），生成新的食物源，更新食物源位置。

ABC算法的求解流程如图 2-6 所示（HBMO算法的求解流程详解可参见二维码）。

HBMO算法的求解流程详解

2.3.3 典型应用案例

1. 问题描述和参数设置

蒋正金等[9]对多维函数极值求解方法进行了研究，4个多维标准测试函数，其解析表达式为

$$f_1 = \sum_{i=1}^{n} x_i^2$$

$$f_2 = \sum_{i=1}^{n} \left[100(x_{i+1} - x_i^2)^2 + (x_i - 1)^2\right]$$

$$f_3 = 10n + \sum_{i=1}^{n} \left[x_i^2 - 10\cos(2\pi x_i)\right]$$

$$f_4 = (1/4000)\sum_{i=1}^{n} x_i^2 - \prod_{i=1}^{n} \cos(x_i/\sqrt{i}) + 1$$

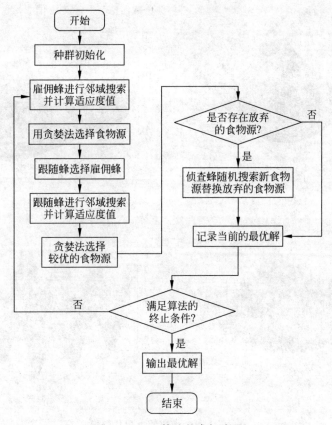

图 2-6 ABC 算法的求解流程

式中, f_1 是一个简单的单峰函数, 在 $x_i=0, i=1,2,\cdots,n$ 处达到极小值 0; f_2 是一个非凸函数, 它在 $x_i=1, i=1,2,\cdots,n$ 处达到极小值 0; f_3 是一个多峰函数, 它在 $x_i=0, i=1,2,\cdots,n$ 时达到全局极小值 0, 该函数在 $x_i \in [-5.12, 5.12], i=1,2,\cdots,n$ 内大约有 $10n$ 个局部极小值点; f_4 是一个多峰函数, 它在 $x_i=0, i=1,2,\cdots,n$ 时达到全局极小值 0, 该函数在 $x_i \in [-10,10], i=1,2,\cdots,n$ 内有多个局部极小值点。如表 2-5 为各函数信息, 图 2-7 为各函数的图像。

表 2-5 函数及其实验参数

函 数	取 值 范 围	维 数	理论最优值
f_1	$[-50,50]$	10	$f_1(0)=0$
f_2	$[-50,50]$	10	$f_2(0)=0$
f_3	$[-50,50]$	10	$f_3(0)=0$
f_4	$[-50,50]$	10	$f_4(0)=0$

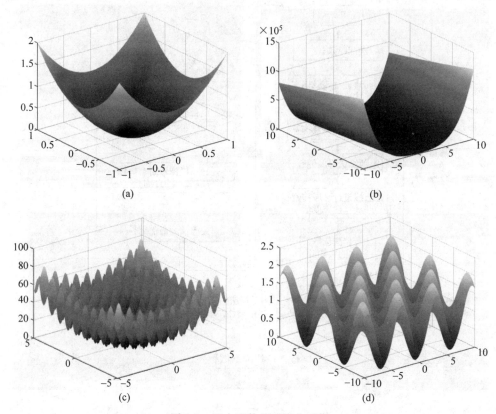

图 2-7　四个函数的可视化图像

（a）函数 f_1 可视化图像；（b）函数 f_2 可视化图像；（c）函数 f_3 可视化图像；（d）函数 f_4 可视化图像

2. 求解流程

在 ABC 算法中有 3 个控制参数：食物源的个数＝引领蜂的个数＝跟随蜂的个数＝群体大小＝N；局部最大循环次数 L；全局最大循环次数 M。

具体的 ABC 步骤如下：

（1）按照式（2-14）产生初始解集 x_i^j，$i=1,2,\cdots,N$，$j\in(1,2,\cdots,D)$；

（2）计算各个解 x_i^j 的适应度值 f_i^x；

（3）设置外循环初始值 $m=1$；

（4）设置内循环初始值 $l=1$；

（5）引领蜂根据式（2-15）做邻域搜索产生新解 v_i^j，并且计算新解的适应度值 f_i^v；

（6）如果 v_i^j 的适应度值 f_i^v 大于 x_i^j 的适应度值 f_i^x，则用 v_i^j 更新 x_i^j，否则保持 x_i^j 不变；

（7）根据式（2-16）计算每一个解其对应的概率值 P_i；

(8) 跟随蜂根据概率值 P_i 选择食物源(解),按式(2-15)进行领域搜索产生新解,再计算其适应度;

(9) 是否更新同步骤(6)方法,然后进入步骤(7)续;

(10) 所有蜂搜索完毕后,记录下到目前为止的最好解;

(11) $l = l + 1$;

(12) $m = ml + 1$;

(13) 如果 $l < L$(内循环最大次数),则转到步骤(5);

(14) 经过 L 次循环后,判断是否有要被丢掉的解,如果有,则侦察蜂根据式(2-14)产生一个新解来代替;

(15) 如果 $m < M$(外循环最大次数),则转到步骤(4)。

3. 结果分析

对上述四个标准测试函数进行实验仿真。群体大小 $N = 10$,最大外循环次数 $M = 2000$,精度要求为 0.1,测试函数的维数 $D = 10$,最大内循环次数 $L = 40$,自变量取值范围为 $[-50, 50]$,对每个测试函数采取运行 5 次后取平均值的方法,同时求出平均值和标准差(表 2-6)。

表 2-6 四个函数的计算结果

函 数	f_1	f_2	f_3	f_4
x_1	0.0844	0.9923	0	9.4164
x_2	-0.0162	0.9856	0	8.8728
x_3	0.0327	1.0109	0	-5.5687
x_4	-0.1237	1.0059	0	0.0015
x_5	-0.0005	1.0524	0	-0.0183
x_6	0.0009	1.1308	0	7.6690
x_7	-0.0456	1.2882	0	0.0269
x_8	-0.0186	1.6465	0.0003	88 452
x_9	0.0071	2.6571	-0.0175	-0.4389
x_{10}	-0.0004	7.0876	0	-0.1717
进化代数	84	2000	1293	179
最小值	0.0262	4.0584	0.0610	0.0990
平均值	0	0	0	0
标准差	0	0	0	0

从表 2-6 中可以看出,对于标准测试函数中的 f_1、f_3、f_4 的函数极值求解结果较为理想,能够在设定的精度要求下求出全局极值点所在位置与极值,通过 5 次运行取平均的结果计算出的平均值与标准差都趋向于 0,与目前已知理论值进行比较,发现具有误差较小、迭代次数不多、耗费时间短的优点。这说明人工蜂群算法可以有效求解多维函数的极值。

习题

1. 如何将蚁群算法的思想应用到实际的优化问题？
2. 蚁群算法具有什么特征？
3. 简述蚁群算法的实现步骤。
4. 粒子群算法的核心思想是什么，如何将这一思想应用到实际的优化问题？
5. 常用的粒子群优化模型有哪些？
6. 简述粒子群算法的求解步骤。
7. ABC 算法的优化机理是什么？

参考文献

[1] DORIGO M，MANIEZZO V，COLORNI A. Ant system：optimization by a colony of cooperating agents[J]. IEEE Transactions on Systems，Man，and Cybernetics，Part B，1996，26(1)：29-41.

[2] 裴杰.基于改进蚁群算法的绿色单机调度问题研究[D].郑州：郑州轻工业大学，2019.

[3] 徐练淞，潘大志.一种求解 TSP 问题的改进遗传蚁群算法[J].智能计算机与应用，2017，7(3)：34-36，40.

[4] KENNEDY J，EBERHART R. Particle swarm optimization[C]//Proceedings of ICNN'95 International Conference on Neural Networks，Perth，WA，Australia，1995，pp. 1942-1948 vol. 4，doi：10.1109/ICNN.1995.488968.

[5] 彭传勇.广义粒子群优化算法及其在作业车间调度中的应用研究[D].武汉：华中科技大学，2006.

[6] SHI Y，EBERHART R. A modified particle swarm optimizer[C]//Proceedings of IEEE International Conference on Evolutionary Computation. Anchorage，AK，USA：1998，69-73.

[7] 陈丽丽.改进的粒子群算法[J].计算机与数字工程，2009，37(8)：33-35.

[8] 马诗婧.多目标人工蜂群算法研究及应用[D].长春：东北师范大学，2019.

[9] 蒋正金，吕干云，端木春江.采用人工蜂群算法求解多维函数极值[J].电子技术，2012，39(1)：9-11，8.

第3章

群体智能算法在智能加工中的应用

3.1 概述

智能加工是基于数字制造技术对产品进行建模仿真,对可能出现的加工情况和效果进行预测,加工时通过先进的仪器装备对加工过程进行实时监测控制,并综合考虑理论知识和人类经验,利用计算机技术模拟制造专家的分析、判断、推理、构思和决策等智能活动,优选加工参数,调整自身状态,从而提高生产系统的适应性,获得最优的加工性能和最佳的加工质效[1]。

智能加工技术依托人工智能技术、计算智能的技术,将加工的各种要素结合起来,通过建模仿真、信息监测,实现计算机的自主决策和加工过程的自动化控制,最终部分或全部代替人的脑力劳动。在智能决策和最优控制过程中,通常要求系统能够根据现有的基础数据和约束获得最优的解决方案,如最优加工参数、最佳调度方案、最优的工件工艺路线等。随着计算技术的发展,可以通过设计算法快速获取这些信息。群体智能算法作为一种新兴的演化计算技术,已成为越来越多研究者的关注焦点,这类算法都是通过模拟生物的群体活动来实现对问题的求解的。算法的原理简单,实现容易,参数设置较少,易于操作。另外,这类算法不拘泥于具体的形式,可以用于多种问题的求解。目前群体智能算法被广泛应用到智能加工中,取得了良好的效果,本章将详细介绍群体智能算法在智能加工领域的应用。

3.2 加工工艺参数优化

机械加工中常见的加工工艺参数包括主轴转速、进给速度、切削深度、进给量、刀尖圆角、刀轴倾角、背吃刀量、冷却液用量等。零件的加工过程就是机床按照给定的工艺参数去除材料的过程,理论上只要工艺参数选择得当,机床就能加工出满足工艺要求的产品。加工工艺参数的选择对零件的质量、加工效率、生产成本和加工能耗等都有重要影响。

加工工艺参数优化是一个多输入多输出的过程,是一项非常复杂且耗时的工作。工艺人员经常需要依据经验和直觉从大量的备选值中进行选择,往往较为保守。寻找合适的优化加工参数一直以来都是很多学者关注的焦点,主要集中在车削、铣削、钻削、滚削等加工领域。

3.2.1 切削工艺参数优化

切削参数的配置是工艺规划的重要步骤。根据给定的工艺路径及加工设备,对切削参数的优化选择可以改善切削加工性能(如表面粗糙度、尺寸精度等),降低加工费用,提高切削效率,增加生产利润。

1. 切削参数优化问题的建模

考虑常用的单工序铣削加工。将切削速度 V、铣刀每齿进给量 f(以下简称进给量)作为待优化的切削参数。该模型可推广到多工序铣削及其他类型的切削加工(如车削、磨削等)。建立单工序铣削加工参数优化的数学模型,即确定优化问题的目标函数与约束条件[2]。

以最大化生产效率为切削参数优化的目标函数,表达式如下:

$$T_T = T_m + T_c + T_L \tag{3-1}$$

$$T_m = (\pi D L)/(V f z) \tag{3-2}$$

$$T_c = \frac{\pi L T_R}{C_V^{\frac{1}{m}}} V^{\frac{1}{M}-1} f^{\frac{y}{m}-1} a_e^{\frac{p}{m}} Z^{\frac{u}{m}} a_p^{\frac{k}{m}} D^{1-\frac{q}{m}} \tag{3-3}$$

式中,T_T 为批量生产时完成一道铣削加工工序的生产时间;T_m 为铣削加工时间;T_c 为单工序铣削加工刀具磨损导致的换刀时间;T_L 为除换刀时间以外的其他辅助时间包括工件的装载及卸载时间、机床及刀具准备时间等,一般为常数;D 为刀具直径;L 为切削长度;T_R 为换刀时间;Z 为铣刀齿数;a_e、a_p 分别为铣削宽度和深度;C_V、m、y、p、u、k、q 为铣刀刀具耐用度系数。

2. 约束条件

考虑切削加工实际情况,切削参数必须满足机床及刀具约束。机床及刀具约束规定了切削速度及进给量的上下限,给出了机床切削力、切削扭矩、切削功率的有效范围。同时,为了保证加工质量,必须考虑加工工件的表面粗糙度要求。下面具体介绍典型的切削加工约束及其数学表达式。

1) 切削速度及进给量约束

对于给定的数控机床,均有确定的主轴转速及进给量约束,约束的数学表达式如下[3]:

$$\pi D N_{\min} = V_{\min} \leqslant V \leqslant V_{\max} = \pi N_{\max} \tag{3-4}$$

$$\frac{\pi D v_{f\min}}{ZV} = f_{\min} \leqslant f \leqslant f_{\max} = \frac{\pi D v_{f\max}}{ZV} \tag{3-5}$$

式中, $N_{\min}$ 、 $N_{\max}$ 分别为机床的最低、最高主轴转速; $V_{\min}$ 、 $V_{\max}$ 分别为机床的最低、最高切削速度; $v_{f\min}$ 、 $v_{f\max}$ 分别为机床的最低、最高切削进给速度; $f_{\min}$ 、 $f_{\max}$ 分别为铣刀每齿最小、最大进给量。

2) 机床切削力约束

机床中实现直线运动的传递机构是强度最薄弱的环节,机床有其进给方向最大容许切削力值。实际应用中应满足:

$$\frac{C_F a_p^{xF} f^{yF}}{D^{qF} N^{wF}} K_{Fc} \leqslant F_{f\max} \tag{3-6}$$

式中, $F_{f\max}$ 为机床主轴最大进给力; N 为主轴转速; C_F 、 xF 、 yF 、 qF 、 wF 、 K_{Fc} 为切削力系数。

3) 切削扭转约束

切削扭矩 M_f 应小于规定的主轴最大扭矩 $M_{f\max}$ 。

$$M_f = \frac{F_c D}{2} \leqslant M_{f\max} \tag{3-7}$$

4) 机床功率约束

受机床主轴额定功率的限制,机床的功率 P 应该小于规定的最大有效切削功率。

$$P = \frac{F_c V}{\eta} \leqslant P_{\max} \tag{3-8}$$

式中, η 为机床功率有效系数。

5) 粗糙度约束

铣削加工的表面粗糙度 R 应满足最低的粗糙度要求 $R_{\max}$

$$R = \frac{f^2}{8r_\varepsilon} \leqslant R_{\max} \tag{3-9}$$

式中, r_ε 为刀具的刀尖圆弧半径。

3. 约束处理

切削参数优化问题往往包含许多复杂的非线性约束,约束处理对于解的质量有决定性的影响。惩罚函数法是常用的约束处理方法。结合惩罚函数法,提出适用于 PSO 的约束处理方法,其主要特性包括:

(1)在迭代过程中,使用变量 PF 记录当前粒子是否曾经满足过所有约束条件,即表示粒子通过记忆保留的历史约束状态;

(2) PF 结合粒子当前约束状态及带惩罚项的目标函数更新粒子群的个体极值与全局极值;

(3)根据 PF 选择粒子的速度更新策略。

需要说明的是,历史约束状态 PF 仅表示历史信息,与粒子的当前约束状态并没有必然的联系。PF 初始化为 false(即表示当前粒子代表的解不在解空间),一旦 PF 更新为 true(即表示当前粒子代表的解在解空间),则该粒子的个体极值始终为可行解。粒子当前可能违反约束,但是在其个体极值与全局极值均为可行解的情况下,粒子能够尽快返回解空间。同时,不可行的粒子可以保持在解空间边缘的搜索能力(具体的约束处理方法参见二维码)。

适用于
PSO 的
约束处
理步骤

PSO 算
法的求
解流程

4. 案例求解与分析

本节采用高海兵[2]的案例,来验证上述算法的求解工艺参数优化问题的有效性(具体 PSO 算法的求解流程详解参见二维码)。

1) 参数设置

根据给定的切削参数优化的目标函数及约束条件,使用数控机床进行单工序的铣削加工。切削参数优化模型及算法中的参数设置,分别如下:

(1) 模型中的参数配置。模型中已知条件的参数,如表 3-1 所示。

表 3-1　模型中已知条件的参数

参　数	值	参　数	值	参　数	值	参　数	值
D/mm	100	r_ε/mm	1	$N_{\max}/(\text{r/min})$	6000	Z	4
L/mm	159	$R_{\max}/\mu\text{m}$	3.2	$v_{f\min}(\text{mm/min})$	3	$M_{f\max}/(\text{Nm})$	200
a_p/mm	2	T_c/s	600	$v_{f\max}(\text{mm/min})$	8000	$P_{\max}/\text{kW}$	7.5
a_e/mm	60	$N_{\min}/(\text{r/min})$	45	$F_{f\max}/\text{N}$	8000	η	0.8

根据切削用量手册[4]得到刀具的耐用度系数和切削力系数,如表 3-2 所示。

表 3-2　刀具的耐用度系数和切削力系数

刀具耐用度系数	参数	C_v	m	y	p	u	k	q
	值	1067	0.2	0.2	0.15	0.1	0.1	0.25
切削力系数	参数	C_F	x_F	y_F	u_F	q_F	w_F	w_{Fc}
	值	7900	1.0	0.75	1.1	1.3	0.2	0.25

(2) 算法中的参数设置。PSO 算法中,种群数目 $n=100$,初始权重 $w(0)=0.9$,并随迭代次数线性递减至 0.4,$c_1=c_2=2$。

2) 结果分析

算法采用两种迭代停止条件:①达到最大目标函数评价次数;②达到指定的目标函数值。首先,采用迭代停止条件①,实验将各种算法各自随机测试 20 次,表 3-3 所示为优化得到的统计结果。使用停止条件②,即以算法达到指定的目标函数值 $T_T=10.56\text{s}$ 为停止条件得到算法的计算费用见表 3-4。

表 3-3　算法运行 20 次的优化结果

平均加工时间/s	最短加工时间/s	最长加工时间/s	切削速度 V/(m/s)	进给量 f/(mm/z)	加工时间/s
10.906	10.511	11.280	15.890	0.141	10.574

表 3-4　算法达到给定工艺时间的计算费用（$T_T = 10.56s$）

进化代数	切削速度 V/(m/s)	进给量 f/(mm/z)	CPU 耗时/s
4900	14.495	0.155	560

根据表 3-3 可以看到,不同的工艺参数得到的加工时间不同,算法得到的最短的加工时间为 10.511s,平均加工时间为 10.906s。根据表 3-4 的结果可以看到,算法找到了所需的加工时间 10.56s 的加工参数选择切削速度为 14.495m/s 进给量为 0.155mm/z。

3.2.2　铣削工艺参数优化

与切削参数优化相同,铣削加工的工艺参数同样对工件的质量、加工效率、加工成本有重要的影响。常见的铣削工艺参数包括主轴转速、切削速度、切削深度、进给量等。铣削加工参数优化同样需要首先建立问题的模型,再针对模型设计算法进行求解。本节介绍高亮等[5]提出的基于粒子群算法在铣削工艺参数优化中的应用。

1. 铣削参数优化的数学模型

以最小化加工时间为优化目标,如式(3-10)所示,模型中待优化的参数为刀具每齿的进给量 f_Z 和切削速度 V。

$$T_{pr} = \frac{T_s}{N_b} + T_L + N_p T_a +$$

$$\sum_{i=1}^{N_p} \left(\frac{\pi DL}{f_{zi} z 1000 V_i} + \frac{T_d \pi L V_i^{1/m-1} a_i^{e_v/m} f_{zi}^{e_v/m-1} B^{r_v/m} z^{n_v/m-1} \lambda_s^{q_v/m}}{C_v^{1/m-1} D^{b_v/m-1} (B_m B_h B_p B_t)^{\frac{1}{m}}} \right)$$

$$(3-10)$$

式(3-10)中,T_s 为准备时间;N_b 为一个批次中的组件数目;T_L 为工件的装卸时间;N_p 为通道数目;T_a 是工艺调整时间;下标 i 表示第 i 道次;D 为刀具直径;L 为切削长度;f_{zi} 为每齿进给量;Z 为铣刀上的齿数;V_i 为切削速度;T_d 为更换刀具或工具的时间;C_v 为工艺的常数;a_i 为切削深度;λ_s 为切削倾角;B_m、B_h、B_p、B_t 为修正系数,m、e_v、r_v、n_v、q_v、b_v 为刀具相关的参数,服从指数分布。

2. 约束条件

最佳切削条件应满足一定的工艺条件。这些约束条件可以通过实验确定,作为刀具材料和几何结构等的函数；否则，应使用与特定刀具-工件组合的速度、进给和切削深度相关的约束，以便继续优化切削参数。本节考虑了以下约束条件。

1）刀杆强度

选择的工艺参数应当满足刀杆的强度要求：

$$\frac{0.1k_b d_a^3}{0.08L_a + 0.65\sqrt{(0.25L_a)^2 - (0.5\alpha D)^2}} - C_{zp}a_r z D^{b_z} a^{e_z} f_z^{u_z} \geqslant 0 \quad (3\text{-}11)$$

式（3-11）中，k_b 为刀轴许用弯曲强度；d_a 为刀轴直径；L_a 为刀轴支承间长度；$\alpha = k_b / (1.3k_t)$，k_t 为刀轴许用抗扭强度；C_{zp} 为工艺常数；a_r 为铣削宽度；b_z、e_z、u_z 为与材料有关的参数，服从指数分布。

2）主轴偏转

$$\frac{4Eed_a^4}{L_a^3} - C_{zp}a_r z D^{b_z} a^{e_z} f_z^{u_z} \geqslant 0 \quad (3\text{-}12)$$

式中，E 为刀杆材料的弹性模量；e 为刀杆挠度允许值。

3）功率

切削操作所需的功率不应超过机床传递到切削点的有效功率：

$$P_m \eta - \frac{C_{zp}a_r z D^{b_z} a^{e_z} f_z^{u_z} V}{6120} \geqslant 0 \quad (3\text{-}13)$$

式中，P_m 为额定电机功率；η 为总效率。

3. 决策变量

对于给定的切削策略，在优化前已知每道次的切削深度，决策变量为第 i 道次的每齿进给量（f_{zi}）和切削速度（V_i）。此外，第 i 道次的进给和切削速度（$i = 1$，$2, \cdots, N_p$）必须在由式（3-14）和式（3-15）给出的机器最小和最大进给速度和主轴速度确定的范围内：

$$f_{z\min} \leqslant f_{zi} \leqslant f_{z\max} \quad (3\text{-}14)$$

$$V_{\min} \leqslant V_i \leqslant V_{\max} \quad (3\text{-}15)$$

4. 基于 PSO 算法的铣削工艺参数优化流程

PSO 算法的约束处理与 3.2.1 节中的约束处理方法相同，算法具体求解步骤如下：

（1）定义优化问题并初始化优化参数。初始化群大小（P_n）、世代数（G_n）、设计变量数目（D_n）并对这些变量做出限制。定义优化问题为：最小化 $f(x)$，$X_i \in x_i = 1, 2, \cdots, D_n$，其中 $f(x)$ 是目标函数，X 是设计的变量组成的向量，$L_i \leqslant x_i \leqslant U_i$。

（2）初始化种群。根据总体规模和设计变量的数量生成随机总体，初始化得到的种群必须满足约束处理要求。种群大小表示粒子数，设计变量表示提供的对象。

（3）更新粒子的速度和位置。根据粒子的当前状态和粒子群算法的数学表达式,式(3-16)和式(3-17),计算出新的速度和位置,并根据目标函数计算新粒子的适应度值。

$$V_i^{t+1} = \bar{\omega}_i^t V_i^t + c_1 r_1 (P_i^t - S_i^t) + c_2 r_2 (P_g^t - S_i^t) \tag{3-16}$$

$$S_i^{t+1} = S_i^t + V_i^{t+1} \tag{3-17}$$

(4)停止准则。如果当前的代数满足进化代数的要求,则停止优化输出结果;否则,返回到步骤(3)继续执行。

5. 案例求解与分析

本节使用来自 Sonmez 等[6]提出的案例。案例的模型中的参数如表 3-5 所示,约束的参数如表 3-6 所示。

1)参数设置

(1)模型中的参数设置。

表 3-5 机床和加工材料的参数

机床(平面铣床)参数				加工材料(结构碳钢含碳 0.6%)				
参 数	值	参 数	值	参 数	值	参 数	值
P_m/kW	5.5	E/GPa	200	抗拉强度/MPa	750	T_c/min	5
η	0.7	V_i/(r/min)	31.5~2000	布氏硬度/HBW	150	T_a/(min/part)	0.1
L_a/mm	210	f_z/(mm/tooth)	0.000 875~3.571	L/min	160	N_b	100
d_a/mm	27	D/mm	63	a_r/mm	50	λ_s	30°
k_b/MPa	140	Z	8	T_L/min	1.5	e/mm	粗加工 0.05
k_t/MPa	120			T_s/min	10		精加工 0.2

表 3-6 约束的参数

参 数	值	参 数	值	参 数	值
B_m	1	q_v	0	u_v	0.4
B_h	1	C_v	35.4	r_v	0.1
B_p	0.8	b_v	0.45	n_v	0.1
m	0.33	C_{zp}	68.2	e_z	0.86
e_v	0.3	b_z	−0.86	u_z	0.72

(2)算法中的参数设置。PSO 算法中,种群数目 $n=5$,初始权重 $w(0)=1.2$,并随迭代次数线性递减至 0.4,最大进化代数 300,$r_1, r_2 \in (0,1)$,$c_1 = c_2 = 1.494\,45$。

2)实验结果与分析

根据上述的参数设置,使用粒子群算法求解。为了方便描述将目标函数进行改写为:

$$T_{Pr} = T_1 + T_2 \tag{3-18}$$

其中，$T_1 = \dfrac{T_s}{N_b} + T_L + N_p T_a$

$$T_2 = \sum_{i=1}^{N_p} \left[\frac{\pi DL}{f_{zi} z 1000 v_i} + \frac{T_d \pi L V_i^{1/m-1} a_i^{e_v/m} f_{zi}^{e_v/m-1} B^{r_v/m} Z^{n_v/m-1} \lambda_s^{q_v/m}}{C_v^{1/m} D^{b_v/m-1} (B_m B_h B_p B_t)^{1/m}} \right]$$

根据不同的切削策略得到的实验结果如表 3-7 所示。

表 3-7 不同切削策略的实验结果

序号	切削策略	T_1/min	f_z/(mm/tooth)	V/(m/min)	T_2/min	T_{Pr}/min
1	$a_{r1}=2$		0.242	54.845		
	$a_{r2}=2$	1.9	0.242	53.044	1.341	3.241
	$a_f=2$		0.190	73.992		
2	$a_{r1}=1.5$		0.341	54.027		
	$a_{r2}=1.5$		0.341	51.713		
	$a_{r3}=1.5$	2.0	0.341	49.041	1.234	3.234
	$a_f=0.5$		0.435	65.054		
3	$a_{r1}=2$		0.242	52.282		
	$a_{r2}=1$		0.554	48.321		
	$a_{r3}=1$	2.0	0.553	54.230	1.343	3.343
	$a_f=1$		0.190	66.788		
4	$a_{r1}=2$		0.554	49.394		
	$a_{r2}=1$		0.554	48.187		
	$a_{r3}=1$	2.1	0.554	48.423	1.332	3.432
	$a_{r4}=1$		0.554	43.602		
	$a_f=1$		0.190	72.651		

表 3-7 中，a_{ri} 表示粗加工的切削深度，a_f 为精加工的切削深度。从表 3-7 中可以看出，选择不同的切削策略得到的总加工时间 T_{Pr} 不同，同一个完工时间对应不同的切削速率和进给量组合。可见，在加工过程中，选择合适的工艺参数是必要的，加工参数的优化采用群智能算法是可行的。

3.3 机器人路径规划

3.3.1 移动机器人路径规划

移动机器人，通俗来说就是可以自主移动的机器人，这类机器人通过电磁或激光等自动导航装置，沿着相关算法所规划出的路线行驶，具有安全保护以及各种移载功能。移动机器人可以代替人完成相应的任务，可以节省人力成本，提高效率、降低风险。随着电子技术的发展，移动机器人的功能日益强大，广泛应用于制造业、仓储业、图书馆、烟草、食品、医药、酒店等行业。

1. 移动机器人路径规划

路径规划是研究移动机器人的关键问题之一。进行机器人路径规划是在具有障碍物的空间中寻找一条从起点到终点的移动路线,保证机器人移动过程中不与障碍物产生碰撞,并满足一定的性能指标(路线最短、移动时间最短、线路平滑等)。机器人路径规划的步骤一般包括三个方面:环境建模、路径搜索和路径平滑。环境建模,为路径规划构建二维环境模型,确定机器人和障碍物的位置,并对机器人的移动规则做出规定;路径搜索,寻找一条满足机器人移动需求的最佳路径;路径平滑,对找到的路径进行平滑处理。

本节介绍蚁群算法在移动机器人路径规划中的应用。蚁群算法模拟蚂蚁的觅食行为,通过信息素的引导蚁群最终找到最佳的觅食路径。蚁群算法具有正反馈、高稳健性和并行性的优点,蚁群算法及其改进算法被大量应用于机器人路径规划问题。蚁群算法应用到路径规划问题的求解步骤如下。

1) 环境建模

栅格法建立环境模型,容易实现且易于理解。如图 3-1 所示,建立 20×20 的栅格地图模型,小正方形的边长为 1m,其中白色网格表示机器人可以穿越的区域,假设机器人的大小可忽略不计,视为质点处理。图中的黑色网格表示障碍物,机器人始终处于正方形的正中心,左上角为机器人的出发点,右下角为机器人的终点。

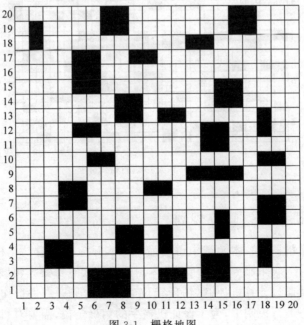

图 3-1　栅格地图

2）路径搜索

建立了栅格地图之后，我们可以得到每个方格的坐标，根据给定的起始点和终止点，根据第 2 章介绍的蚁群算法原理，可以得到如下的求解流程。

（1）针对各项相关参数进行初始化。路径规划的起始点及终点、迭代次数、蚂蚁数量、信息素挥发系数等相关参数。

（2）建立禁忌表以及对禁忌表初始化，将起点、障碍物节点均加入禁忌表中。

（3）计算启发信息，根据信息素浓度以及概率公式确定蚂蚁下一步可以到达的节点，记录路径并更新，更新禁忌表。

（4）当所有蚂蚁完成一次迭代后，保存最优路径，更新信息素及禁忌表，如果没有完成一次迭代，则继续开始下一只蚂蚁路径寻优。

（5）如果蚂蚁完成所有迭代次数，则输出最优路径，如果没有完成所有迭代次数，则继续开始下一次迭代。

2. 案例求解与分析

徐玉琼等[7]建立的 20×20 栅格环境，并采用蚁群算法对问题进行求解得到如图 3-2 所示的路径信息。得到的最短路径长度为 30.870m。

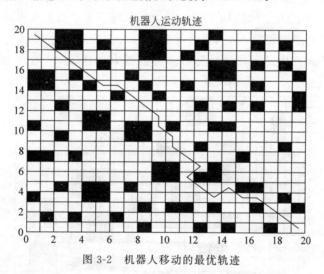

图 3-2　机器人移动的最优轨迹

3.3.2　机械手臂轨迹规划

机械手臂是机器人技术领域中得到最广泛实际应用的自动化机械装置，在工业制造、医学治疗、娱乐服务、军事、半导体制造以及太空探索等领域都能见到它的身影。机械手臂通过计算机控制，精确定位到空间的某一点进行作业。在对机械手臂的末端姿态进行控制中，为了保证机械手的精确定位，需要对机械手臂进行轨迹规划。

1. 轨迹规划概述

在机器人学中,轨迹规划和路径规划具有不同的含义。路径规划是指机器人的工具中心点(tool center point,TCP)在空间经过的点或者线形成的一个特定位姿序列的集合,并不考虑到达点位的时间;而轨迹规划是一个与时间相关的概念,除了包含路径外,还强调机器人的 TCP 点到达路径中每个点的时间[8]。机械手臂的轨迹规划,就是通过控制各个关节每个时刻的速度、加速度、位移等变量使整个机械手臂末端能够光滑地从一个位置(初始点)移动到另一位置(终止点),移动过程满足给定的约束要求(光滑、无碰撞的步伐)。将这一过程经过的所有中间状态形成的连续曲线称为路径。需要指出的是,有的路径规划过程中,不但指定初始点和终止点,还期望轨迹通过中间点。

机械臂轨迹规划包括笛卡尔空间轨迹规划和关节空间轨迹规划两种方法。笛卡尔空间轨迹规划方法是指在三维直角坐标系中,直接规划机械手末端的运动轨迹,是机械臂末端段姿态对时间的变化函数。常见的笛卡尔空间轨迹规划方法为空间直线插补和空间圆弧插补。关节空间轨迹规划是控制各关节的位移、速度、加速度使其综合作用到机械手末端,使机械手末端按照给定的轨迹运动,常见的关节空间轨迹规划方法包括多项式曲线差值、抛物线函数插值和样条曲线插值。关节空间轨迹规划可以得出每个关节变量随时间的变化情况,计算相对简单。笛卡尔空间方法可以直观显示机械手末端的运动轨迹,但计算量较大。传统的轨迹规划方法包括 B 样条函数的轨迹规划、三次样条函数轨迹规划、高次多项式函数轨迹规划等。随着智能算法的研究深入,粒子群算法被广泛运用于机械手路径优化问题的研究。

2. 基于粒子群算法的轨迹时间最优的轨迹规划

机械手轨迹优化需要在满足功能需求的基础上进行,轨迹优化的目的,一方面是为了改善机械手的工作性能,另一方面是为了提高运行效率节省成本。本节介绍的轨迹优化方法需要首先通过机械手运动学分析和 B 样条规划方法得到曲线函数(具体方法可参见二维码)。

1) 目标函数

本节介绍时间最优的轨迹规划方法。时间最优的轨迹规划是在满足约束条件下,以时间为优化目标的轨迹规划,轨迹规划的自变量为 h_i,因此可以建立如下的适应度函数:

机械手运动学分析、B 样条曲线轨迹规划简要介绍

$$T = \min \sum_{i=1}^{m-1} h_i \qquad (3\text{-}19)$$

$$v_j \leqslant v_{\max} \qquad (3\text{-}20)$$

式中,T 为机械手臂沿整条轨迹运动的总时间;$h_i(i=1,2,\cdots,m-1)$ 为机械臂沿每一段 B 曲线运动所需时间;m 为型值点总数;$v_j(j=1,2,\cdots,m-1)$ 为各关节的

速度；v_{max} 为关节允许的最大速度。

2）算法优化

步骤具体如下：

（1）设置种群参数并随机初始化种群。

（2）计算出控制点坐标。

（3）计算出各个关节点的速度 v_j 并判断是否满足约束条件,满足则跳转到步骤（4）,否则使用粒子群算法循环迭代直达速度满足要求。

（4）根据适应度函数计算粒子的适应度值,选择出 k 次迭代得到的最优值和种群最优值。

（5）根据粒子群速度和位置公式更新粒子。

（6）重新整合种群,判断是否满足终止条件,满足条件,则结束,输出各个关节的时间段最大值,作为轨迹的运行时间；否则跳转到步骤（2）。

3. 实验案例

1）案例描述

本节的案例为郭彤颖等[9]研究的 6 自由度机械手。当机械手臂末端在直角坐标空间中从一点运动到另一点时,由已知的起始点、终止点以及轨迹经过的中间点,通过机械手臂运动学逆解可求出各关节的数值,见表 3-8。

表 3-8　节点数值表

节点(rad)	关节 1	关节 2	关节 3
1	-0.4488	-0.6283	1.0472
2	-0.436	-0.6185	1.0421
3	-0.3622	-0.5616	1.0125
4	-0.2048	-0.4405	0.9496
5	0.0261	-0.2627	0.8572
6	0.2992	-0.0524	0.7480
7	0.5723	0.1579	0.6388
8	0.8032	0.3357	0.5464
9	0.9605	0.4569	0.4835
10	1.0344	0.5137	0.4539
11	1.0472	0.5236	0.4488

2）参数设置

采用基于粒子群算法的 B 样条曲线插值法进行轨迹规划,确定每段曲线的最优时间。将各关节的型值点作为初始种群,则初始种群数 $M=10$；粒子飞行速度的参数设置为：惯性权重 $w=0.5+r/2$,r 为 0~1 之间的随机数；权重因子取为 $c_1=0.05$；$c_2=0.05$。r_1 和 r_2 为 $[-1,1]$ 之间的随机数；机械手臂关节允许的最大运动速度 $v_{max}=1\text{m/s}$,轨迹曲线的初始点和终点的速度以及加速度均为 0,循环迭代步数取为 50 步。

3）结果与分析

按照上述的求解流程进行优化，取前三个关节的优化结果见表 3-9。

表 3-9　优化结果

各段时间	h_1	h_2	h_3	h_4	h_5	h_6	h_7	h_8	h
初始化值	1.538	1.476	1.505	1.524	1.569	1.325	1.426	1.732	12.095
关节 1	1.306	1.247	1.385	1.172	1.426	1.0514	1.202	1.654	10.443
关节 2	1.285	1.031	1.154	1.335	1.506	1.038	1.316	1.574	10.239
关节 3	1.132	1.054	1.050	1.423	1.475	1.109	1.254	1.532	10.029

通过粒子群算法对各段轨迹的时间间隔进行优化，提高了机械手臂 15%～20% 的运行效率。

3.4　增材制造加工优化

增材制造（additive manufacturing，AM）俗称 3D 打印，是指根据 CAD 的三维数字模型，按预先生成的路径将材料逐层累加，制造零件实体的过程。它是一种"自下而上"材料累加的制造方法，可一次成形复杂零件而不需要模具，节省了模具成本并减少了加工工序，可缩短加工周期，被广泛应用于新产品开发和结构复杂的单件小批量制造。与传统的制造工艺相比，增材制造集设计、加工于一体，加快了产品的制造周期，具有较高的柔性，能够实现复杂结构产品的加工，减少零件的加工工序，提高材料利用率。

3.4.1　拓扑优化

1. 拓扑优化概述

拓扑优化（topology optimization，TO）与增材制造的结合可以在零件材料的设计空间中找到最佳材料分布方案，从而提高材料利用率达到减轻重量的目的[10]。拓扑优化属于结构设计优化方法的一种，指在结构设计初期，在给定的载荷与边界条件下，寻找设计区域内满足约束条件的最优材料分布，从而获得结构的最佳传力路径。拓扑优化属于概念设计的一种，能够让设计人员在前期根据载荷和边界条件确定有效的拓扑结构，从而快速提出设计方案，有效缩短设计周期[11]。图 3-3 为拓扑优化示意图。

拓扑优化按照问题对象的结构特征可以划分为离散体结构拓扑优化和连续体结构拓扑优化两种，本节只介绍连续体结构拓扑优化。连续体结构拓扑优化的主要内容包含数学模型的构建、求解、数值不稳定性处理三个方面[12]。

目前的拓扑优化数学模型构建方法按其类型来说主要分为基于材料分布的方

图 3-3　拓扑优化示意图

法和基于几何边界的方法两大类[13]。第一类方法主要包括均匀化方法（homogenization method）、变密度法（variable density method）和渐进结构优化法（evolutionary structural optimization）等；第二类方法主要包括水平集法（level set method）和拓扑导数法（topological derivative）等。连续体结构拓扑优化的求解方法主要分为确定型方法和随机型方法。前者主要包括优化准则法（optimality criteria method，OC）和数学规划法（mathematical programming，MP）；后者主要指智能优化算法（intelligent optimization algorithm）。在进行连续体结构拓扑优化的过程中，由于需要对结构进行离散和有限元计算，容易产生数值不稳定性问题，影响求解质量，导致无法对优化结果进行识别和提取，难以进行后续尺寸和形状设计、优化和制造。拓扑优化中经常出现的数值不稳定性问题包括[14-15]多孔材料（porous materials）、棋盘格（checkerboard）、网格依赖性（nesh dependency）和局部极值（local minima）。针对不同不稳定问题需要进行相应的处理（拓扑优化与渐进结构优化法理论基础参见二维码）。

拓扑优化与渐进结构优化理论基础

2. 基于粒子群算法的拓扑优化方法及案例

传统的 PSO 方法可以用来解决连续问题或者实值问题，但是对于离散问题来说 PSO 方法就显得束手无策。为解决离散优化问题，Kennedy 和 Eberhart 提出了离散版本的粒子群优化算法（binary particle swarm optimization，BPSO）[16]。张寅[11]等将 BPSO 算法应用到拓扑优化中，提出了改进离散粒子群优化的双向渐进结构优化（A hybrid method combining improved binary particle swarm optimization with BESO for topology optimization，IBPSO-BESO）方法（具体的建模方法、算法的改进方法、优化方参见二维码）。

基于改进粒子群算法的双向渐进结构优化方法

1）参数设置

在优化迭代过程的初始阶段需要较大的惯性权重值 ω 用于全局搜索，随着优化过程的进行，ω 的值逐步减小以利于局部搜索。合适的 V_{min} 和 V_{max} 值有利于运用到 Sigmoid 方程中以改变对应数位的值。c_1 和 c_2 的值应该大于 1，尤其当 $\gamma c_1 = c_2$ 时，BPSO 方法可以得到最佳的全局搜索和局部搜索能力的平衡。为提升改进的 BPSO 算法的性能，需要一个较大的改进 BPSO 最大迭代次数。为减缓种群内的交流和变异参数增速以保证能够从不同方向寻优，需要较大的惩罚因子 pen。所有实例的参数设定如表 3-10 所示，它们是通过大量实例计算从而最终确定的。

表 3-10　改进 BPSO 方法的参数设置

参 数 名 称	取 值 大 小
ω_{max}	1.2
ω_{min}	0.8
V_{max}	4
V_{min}	-4
C_1	1.4962
C_2	1.4962
二进制字符串编码长度	10
改进 BPSO 最大迭代次数	50
Pen	3

2）二维简支梁案例求解

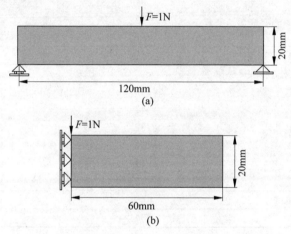

图 3-4　二维简支梁的设计区域、载荷及边界条件

（a）整个设计区域；（b）根据对称边界条件的右半设计区域

　　如图 3-4 所示，结构的设计区域为 120mm×20mm 的长方形区域，结构上方正中间承受 1N 的垂直向下的集中载荷，结构左下角节点约束 X、Y 两个方向的自由度，右下角节点约束 Y 方向自由度。由于结构的对称性，可以仅考虑一半的设计区域。对整个结构的右半设计区域进行有限元离散处理，离散成 1mm×1mm 的正方形单元，离散后的结构共有 60×20，共 1200 个单元。考虑到 IBPSO-BESO 的随机性，不能保证每次计算所得结果都相同，对于不同的参数设置进行 6 次计算，并将结果与采用相同收敛准则的 SIMP[17] 方法对比。IBPSO-BESO 方法和 SIMP 方法的惩罚指数均取为 3，优化的目标体积为 0.5，过滤半径为 3mm，进化率 ER 为 0.05，杨氏模量为 1MPa，材料的泊松比为 0.3。实例计算的结果如表 3-11 所示。

表 3-11　IBPSO-BESO 方法与 SIMP 方法的优化结果数据

计 算 次 数	总的迭代步数	平均柔顺度值/(N·mm)
$R_{c,\min}=0.8,R_{m,\min}=0.5$		
1	39	97.4623
2	43	96.6058
3	47	97.2725
4	51	96.9748
5	47	96.1265
6	41	97.0461
平均值	45	96.9147
$R_{c,\min}=0.6,R_{m,\min}=0.2$		
1	63	96.3402
2	63	96.4054
3	50	96.2132
4	64	96.3122
5	48	96.9959
6	54	96.3004
平均值	57	96.4279
$R_{c,\min}=0.6,R_{m,\min}=0.5$		
1	42	95.9396
2	47	96.0184
3	52	96.6806
4	50	95.9388
5	41	95.7732
6	45	96.1655
平均值	46.17	96.0860
SIMP	54	115.7253

从表 3-11 中可以看出,随着 R_c 的下限值的增大,对于优化结果的平均柔顺度值甚至有相反作用,较大的 $R_{c,\min}$ 值使中间种群的个体更可能地进行种群内的交叉,它们与其他种群个体间交叉的概率减小,所以中间种群保持相对稳定,寻优也难以向更多不同方向进行。当 $R_{m,\min}$ 的值从 0.2 增加到 0.5 时,平均的迭代步数减少了将近 20%,优化结果的柔顺度值差别不大。较大的 $R_{m,\min}$ 值可以快速地减少劣等种群中个体编码的"1"字符数位,产生更多的"0"字符数位以使材料能够被删除,从而使优化过程加速。除此之外,还可以看到使用 SIMP 方法得到的结果的最终平均柔顺度值均大于 IBPSO-BESO 方法取不同参数值时的平均值,其原因是在 SIMP 方法中,需要计算中间密度单元的应变势能。(在假定的中间材料模型中,第 i 个单元的应变势能 $c_i(\rho)=\dfrac{1}{2}\rho^p\{\boldsymbol{u}_i\}^{\mathrm{T}}[\boldsymbol{K}_i]\{\boldsymbol{u}_i\}$。)图 3-5(a)为当 $R_{c,\min}=0.6$ 和 $R_{m,\min}=0.5$ 时 IBPSO-BESO 方法优化后所得到的拓扑形状,图 3-5(b)为

SIMP 方法优化后的拓扑形状。

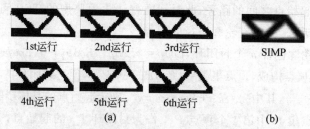

图 3-5 IBPSO-BESO 方法和 SIMP 方法的优化结果对比

(a) IBPSO-BESO 方法 $R_{c,\min}=0.6$ 和 $R_{m,\min}=0.5$ 的优化结果；(b) SIMP 方法的优化结果

可以看到，所有的拓扑形状非常相似，但是 SIMP 方法由于其密度值作为连续的设计变量，计算结果中包含了中间密度单元，得到的拓扑边界比较模糊，难以识别、提取和制造。而本文提出的 IBPSO-BESO 方法由于使用离散的密度值作为设计变量($x_{\min}$ 或 1)，并采用惩罚指数对软材料进行惩罚，所得的结果拓扑中不会出现此类问题。

3.4.2 3D 打印路径优化

打印路径规划是 3D 打印的重要工作，路径的选择对零件打印效率和表面质量有着重要影响。特别是对结构复杂的零件，对打印路径进行优化不但可以提高加工效率，还可以提高零件的机械性能。3D 打印路径规划包含轮廓路径规划和填充路径规划，如图 3-6 所示为某零件的一个截面，其中对截面中封闭环的打印路径进行规划称为轮廓路径规划；各个封闭环之间实体的打印路径规划称为填充路径规划。在 3D 打印制造时，为了防止零件发生变形和翘曲，一般先进行轮廓打印，后进行填充打印。在打印之前，对打印路径进行规划对提高 3D 打印效率和成型质量有着重要的意义。本节介绍蚁群算法进行 3D 轮廓路径规划的方法。

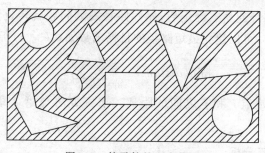

图 3-6 某零件的一个截面

1. 轮廓路径规划

轮廓的路径规划过程包括两个步骤：首先为每个封闭环确定起点(也是终

点),确保各封闭环的起始点之间的距离最小;当各个封闭环的起始点确定之后,需要规划各个起始点之间的路径,此时问题就转化为典型的 TSP 问题。本节介绍一种改进的邻近法,来确定轮廓路径的起点。

假设截面轮廓包含 n 个封闭环,$Loop = \{Loop_1, Loop_2, \cdots, Loop_n\}$,轮廓中所有封闭环由 m 个顶点构成,顶点集 $P = \{P_1, P_2, \cdots, P_n\}$,任一封闭环的顶点集为 $P_i = \{P_{i1}, P_{i2}, \cdots, P_{ikn}\}$,其中 $m = k_1 + k_2 + \cdots + k_n$,确定起始点的具体步骤如下。

(1) 取顶点集 P 中第 1 个顶点 P_{11} 作为封闭环 P_1 的起始点,令 $S_1 = P_{11}$,并将 P_1 从 P 中去除。

(2) 依次求解顶点 S_1 到 P 中各点的距离,将距离顶点 S_1 最近的顶点 P_{ij}($1 \leqslant j \leqslant k_i$) 取出,令 $S_2 = P_{ij}$,并将 P_i 从 P 中去除。

(3) 按照步骤(2)的思路,依次求解顶点 S_i 到 P 中各点的距离,找到距离顶点 S_i 最近的顶点作为 S_{i+1},依次遍历所有的未访问封闭环顶点集,直到在 P 中的最后一个封闭环中找到 S_n,依次求出 $S_3, S_4, \cdots, S_n$,可得起始点集 $C_1 = \{S_1, S_2, \cdots, S_n\}$。

(4) 依次求解 C_1 中相邻两点间的距离,并求和 $d_1 = S_1 S_2 + S_2 S_3 + \cdots + S_{n-1} S_n + S_n S_1$。

(5) 依次选取 P 中的顶点作为相对应封闭环的起始点,按照步骤(1)~步骤(4)的思路,可依次求解出 m 个起始点集 C_r,并求出相对应的 d_r,其中,$1 \leqslant r \leqslant m$。

(6) 比较 $d_1, d_2, \cdots, d_m$ 之间的大小,将最小的 d_r 对应的 C_r 作为最优的起始点集。

其中,若封闭环由非直线的曲线构成,可取该封闭环的几何重心作为该封闭环的伪顶点,即该封闭环只有一个顶点,求过伪顶点和前一个封闭环的起始点的直线,该直线和封闭环的交点作为该封闭环的起始点。

2. 基于蚁群算法的轮廓路径规划

当封闭环的路径起始点确定后,轮廓路径规划问题就转化为求解 TSP 问题。根据第 2 章的内容,可以建立最短路径的目标函数如式(3-21)所示。

$$\min(distance) = \sum_i^n \sum_j^n d_{ij} \tag{3-21}$$

式中,d_{ij} 表示起始点 i 和 j 之间的距离。求解方法与第 2 章采用的蚁群算法相同。

3. 案例求解与分析

采用韩兴国等[16]提出的案例,求解图 3-6 的 9 个封闭环的轮廓最短路径。设蚂蚁数量为 50,迭代次数为 200。运行求解得到如图 3-7 所示的最优的轮廓路径图。

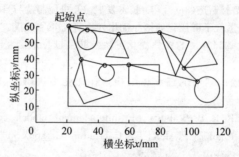

图 3-7　基于粒子群算法的轮廓路径图

习题

1. 生产中为什么需要进行工艺参数的优化？
2. 切削参数优化中常见的约束条件有哪些？约束对算法的求解有何影响？
3. 简述蚁群算法解决移动机器人路径规划问题的步骤。
4. 简述粒子群算法求解机械手臂路径规划的步骤。
5. 在拓扑优化中粒子群算法的粒子的速度和位置是如何更新的？
6. 简述蚁群算法求解 3D 打印路径规划问题的步骤。

参考文献

[1]　岳玮,裴宏杰,王贵成.智能加工技术研究进展与关键技术[J].工具技术,2015,49(11): 3-6.

[2]　高海兵.粒子群优化算法及其若干工程应用研究[D].武汉:华中科技大学,2004.

[3]　艾兴,肖诗纲.切削用量简明手册[M].北京:机械工业出版社,1994.

[4]　艾兴,肖诗纲.切削用量简明手册[M].3 版.北京:机械工业出版社,2004.

[5]　GAO L,HUANG J,LI X. An effective cellular particle swarm optimization for parameters optimization of a multi-pass milling process[J]. Applied Soft Computing,2012,12(11): 3490-3499.

[6]　SONMEZ A I,BAYKASOGLU A,DERELI T,et al. Dynamic optimization of multipass milling operations via geometric programming[J]. International Journal of Machine Tools & Manufacture.1999(39):297-332.

[7]　徐玉琼,娄柯,李志锟.基于变步长蚁群算法的移动机器人路径规划[J/OL].智能系统学报,2021,16(2):1-9[2020-11-17]. http://kns.cnki.net/kcms/detail/23.1538.TP. 20200716.1146.004.html.

[8]　王东署,朱训林.工业机器人技术与应用[M].北京:中国电力出版社,2016.

[9]　郭彤颖,刘雍,王海忱,等.粒子群算法在机械手臂 B 样条曲线轨迹规划中的应用[J].组合机床与自动化加工技术,2019(06):71-73,77.

[10] 卢秉恒,李涤尘.增材制造(3D打印)技术发展[J].机械制造与自动化,2013,42(4):1-4.

[11] 张寅.基于改进离散粒子群优化的拓扑优化方法研究[D].武汉:华中科技大学,2013.

[12] 陈志敏.基于文化基因算法的拓扑优化方法及其关键技术研究[D].武汉:华中科技大学,2010.

[13] 赵龙彪.基于牛顿准则法的连续体结构拓扑优化方法研究[D].武汉:华中科技大学,2011.

[14] JOG C S, HABER R B. Stability of finite element models for distributed-parameter optimization and topology design[J]. Computer Methods in Applied Mechanics and Engineering,1996,130(3-4):203-226.

[15] SIGMUND O, PETERSSON J. Numerical Instabilities in Topology Optimization: A Survey on Procedures Dealing with Checkerboards, Mesh-dependencies and Local Minima.

[16] KENNEDY J, EBERHART R C. A Discrete Binary Version of the Particle Swarm Algorithm[C]. In: International Conference, Systems, Man, and Cybernetics, 1997: 4104-4108.

[17] SIGMUND O. A 99 Line topology optimization code written in MATLAB[J]. Structural and Multidisciplinary Optimization,2001,21(2):120-127.

[18] 韩兴国,宋小辉,殷鸣,等.熔融沉积式 3D 打印路径优化算法研究[J].农业机械学报,2018,49(3):393-401,410.

第4章

群体智能算法在智能车间中的应用

4.1 概述

车间是工厂的重要组成部分,也是企业内部组织生产的基本单位。20世纪90年代,随着数字化理念的兴起,学者相继提出"数字制造"与"数字化车间"的理念。数字化车间可归纳为以工业以太网为通信设施,基于先进的信息技术,利用CAD、CAM等方法实现产品完整生命周期管理、监控的层级系统[1-2]。数字化车间的经典参考模型是一个包括企业资源计划(enterprise resource planning,ERP)与制造执行系统(manufacturing execution system,MES)的层级系统。随着科学技术的发展,尤其是人工智能领域的发展,数字化车间被重新定义为智能车间。智能车间继承了数字化车间的功能和技术也具备了新的特征。两者之间的关系如图4-1所示。智能车间在数字化车间的基础上通过CPS技术融合包括ERP与MES在内的子系统,通过大数据分析技术高效利用生产过程中的海量数据,通过云计算技术实现产品的柔性加工与按需定制,通过数字孪生技术实现生产过程的仿真与复现。目前智能车间的研究热点集中在大数据分析应用、智能调度、车间体系结构等方面[3]。

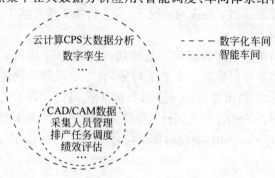

图 4-1　智能车间与数字化车间之间的关系

智能车间侧重产品整个生命周期的监控与优化，即从原料进入工厂开始到产品最终送达客户，包括工艺规划、生产调度、装配规划、质量管控、数据统计分析等环节。实现车间生产的智能化，不仅需要更加先进的生产工具，更离不开车间管理技术的现代化，需要提供更加高效、合理的生产方案和资源配置手段。在实际的生产中，大部分的问题都十分复杂，往往难以采取精确的方法，在有限的时间内求解。因此，寻找到合适的方法解决这些问题十分重要。群体智能算法被广泛应用于智能车间各类问题的求解，并取得了良好的效果。本章介绍群体智能算法在智能车间中的应用。

4.2　柔性工艺规划

4.2.1　工艺规划

工艺规划是连接产品设计和产品制造的中间环节，它对产品的质量、成本和生产效率具有重要影响。工艺规划的目的就是根据现有的制造技术，制定出满足设计要求的产品加工规程，通常工艺规划要求技术先进、成本低廉。传统的工艺规划过程中，工艺人员制定工艺路线需要查阅大量数据资料，费时费力。同时，制定的工艺路线往往都是依靠工艺人员的经验完成的，会因为经验不足而造成工艺路线出现不一致的问题，这将影响企业实际生产的正常运作。为解决传统工艺规划中存在的问题，计算机辅助工艺规划(computer aided process planning，CAPP)在 20 世纪 60 年代中期应运而生[4-5]，直到现在 CAPP 仍是先进制造技术领域的研究热点和难点(CAPP 发展与研究热点可参见二维码)。

CAPP 发展与研究热点

1. 柔性工艺规划问题描述

本节研究的柔性工艺规划问题可以描述为：被加工零件具有若干加工特征，每道加工特征具有可选的加工工艺，每道加工工艺具有可选的刀具和可选刀具进给方向(tool approach direction，TAD)，并且可以在若干台可选机器上进行加工。被加工零件的不同加工特征之间具有一定的次序约束关系。柔性工艺规划的目的就是在已有加工资源和加工约束的情况下，确定被加工零件的工艺路线，从而使某项指标达到最优[6]。

为了形象地描述所研究的柔性工艺规划问题，表 4-1 给出了某零件的柔性加工工艺信息表。某零件包含有 6 个加工特征，有 5 台机器可供选择对零件不同的工序进行加工，图 4-2 给出零件的一条可行的工艺路线。该工艺路线的工序加工顺序为 $O_1 \rightarrow O_7 \rightarrow O_{12} \rightarrow O_{11} \rightarrow O_{10} \rightarrow O_5 \rightarrow O_6$，每道工序的加工机器、刀具和 TAD 都是确定的，以工序 O_7 为例，确定的加工机器是 M_4，刀具是 T_2，TAD 为 $-y$。

表 4-1　某零件的柔性加工信息表

加工特征	可选加工工艺	可选机器	可选刀具	可选 TAD	特征之间的次序约束
F_1	O_1	M_1,M_2,M_3	T_5	$+x,+y$	在 F_2,F_3 之前
	O_2-O_3	$M_2,M_3/M_1,M_2$	$T_1/T_3,T_6$	$+y/+y,+z$	
F_2	O_4	M_2,M_3,M_4	T_2,T_3	$-x,+z$	
	O_2-O_6	$M_3,M_5/M_3,M_4$	$T_4,T_7/T_5$	$+z,-z/-y$	
F_3	O_7	M_1,M_4	T_2,T_6	$-y$	在 F_4 之前
F_4	O_8-O_9	$M_3,M_5/M_1,M_5$	$T_2,T_6/T_1$	$-x,-y,+z/-y$	
	O_{10}	M_4,M_5	T_3,T_6	$-y,+z$	
F_5	O_{11}	M_1,M_3,M_4,M_5	T_2,T_5	$+z,-z$	
F_6	O_{12}	M_1,M_4,M_5	T_3,T_5	$+y,+z$	

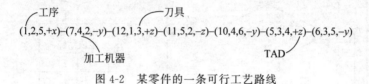

图 4-2　某零件的一条可行工艺路线

2. 目标函数

本节的优化目标包括总加工时间和加工成本两种类型（具体的目标函数与约束条件可参见二维码）。

3. 基于 HBMO 算法的求解步骤

HBMO 算法的求解流程见图 4-3（HBMO 算法的编码方法和算子操作方法参见二维码）。

具体的求解流程如下。

（1）初始化 HBMO 算法的参数，包括算法迭代次数 $Gen_{\max}$、蜂王速度和能量的衰减系数 α、蜂王飞行时的能量阈值 $threshold$、蜂王受精囊的容量 $SperSize$、蜂群数目 $PopSize$、幼蜂数目 $BroodSize$、工蜂数目 $WorkerSize$、工蜂培育幼蜂的迭代次数 $L_{\max}$。

（2）按照本节介绍的初始化方法生成 $PopSize$ 个蜜蜂，计算蜂群中每个蜜蜂的适应度值，挑选出适应度值最好的蜜蜂作为蜂王，其他蜜蜂作为雄蜂，令 $Gen=0$。

（3）蜂王婚配阶段；初始化蜂王的速度和能量，清空蜂王的受精囊；设 α 代表蜂王受精囊中雄蜂基因型的个数，令 $\alpha=0$，设 t 表蜂王的飞行次数，令 $t=0$ 如果蜂王的能量 $Energt(t)>threshold$ 且 $\alpha<SperSize$ 重复以下步骤：

① 从蜂群中随机选择一只雄蜂；

② 计算该雄蜂与蜂王交配的概率值，随机生成 0～1 之间的一个实数，如果该

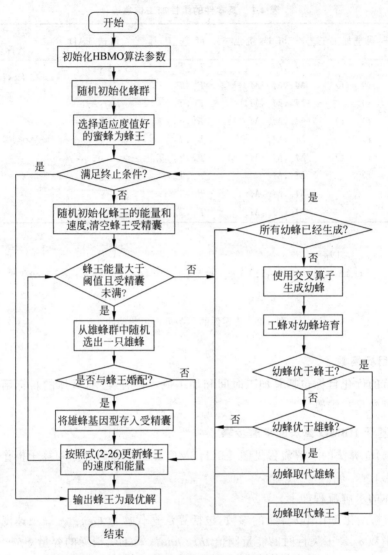

图 4-3　HBMO 算法求解柔性工艺规划的总流程

实数小于计算结果,则将该雄蜂的基因型存入蜂王的受精囊中,将该雄蜂从雄蜂群中删除,否则不进行操作;

③ 更新蜂王的速度和能量,令 $t=t+1$。

（4）幼蜂生成阶段。从蜂王的受精囊中随机挑选一个基因型,对蜂王和选择的基因型使用本节中设计的交叉操作生成幼蜂,直到生成 *BroodSize* 个幼蜂为止。

（5）工蜂培育幼蜂阶段。使用工蜂对每一个幼蜂的基因型进行改进,如果幼蜂的适应度值比蜂王的适应度值好,则幼蜂取代原来的蜂王,成为新一代的蜂王;否则,如果幼蜂的适应度值比原始雄蜂群中任一雄蜂的适应度值好,则取代原来的雄蜂。

（6）令 $Gen = Gen + 1$；判断是否满足算法终止准则，算法终止准则为达到蜂王的最大飞行次数；如果 $Gen < Gen_{max}$，则跳转到（3）；否则，输出蜂王，即为算法寻找到的最优解。

4. 案例求解与分析

本节以文笑雨[6] 提出 HBMO 算法在柔性工艺规划中的应用为例。

1）算法参数设置

HBMO 算法的参数设置如表 4-2 所示。

表 4-2　HBMO 算法的参数设置

参　　　数	数　值
算法迭代次数 Gen_{max}	200
蜂王速度和能量的衰减系数 α	0.9
蜂王飞行时的能量阈值 $threshold$	0.0001
蜂群数目 $PopSize$	100
蜂王受精囊的容量 $SperSize$	50
幼蜂数目 $BroodSize$	50
工蜂数目 $WorkerSize$	5
工蜂培育幼蜂的迭代次数 L_{max}	20

2）案例描述

实例包含的三个不同零件均来自文献[7]，零件图如图 4-4～图 4-6 所示（零件具体的加工信息详见二维码），这里不考虑零件的可选刀具和可选 TAD。实例的优化目标为零件工艺路线的总加工时间，根据目标函数进行计算。

零件的具体加工信息

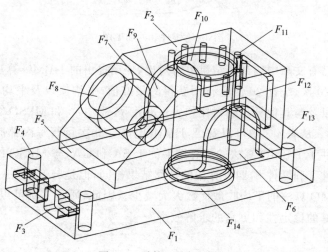

图 4-4　零件 1 的加工图

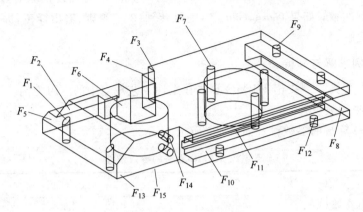

图 4-5　零件 2 的加工图

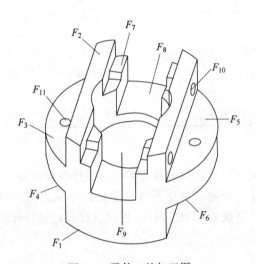

图 4-6　零件 3 的加工图

　　为了与已有文献中的计算结果进行对比,使用提出的 HBMO 算法针对三个零件分别运行 20 次,统计 20 次运行中获得的最好值、平均值以及平均收敛代数,具体计算结果以及与其他算法的对比如表 4-3 所示,SA、GA 和 MPSO 算法的结果均来自文献[8]。从表 4-3 中可以看出,HBMO 算法 20 次运行每次都能够找到最优解。针对零件 1,HBMO 算法的计算结果优于 SA 和 GA,与 MPSO 的计算结果相同。针对零件 2 和零件 3,四种算法的计算结果相同,但是与 SA、GA 和 MPSO 算法相比,HBMO 算法的平均收敛代数大大减少。因此,通过实例可以证明 HBMO 算法具有更好的稳定性和更高的求解效率。

表 4-3　实例的计算结果

算　　法	最　好　值	平　均　值	平均收敛代数
SA	342	344.6	51.2
GA	342	343.8	46.2
MPSO	341	341.5	34.2
HBMO	**341**	**341**	**9.7**

1　HBMO 获得的最优工艺路线

$O_1(M_4) \rightarrow O_3(M_4) \rightarrow O_5(M_4) \rightarrow O_6(M_4) \rightarrow O_{11}(M_4) \rightarrow O_2(M_4) \rightarrow O_{12}(M_4) \rightarrow O_{13}(M_4) \rightarrow O_{14}(M_4) \rightarrow O_{15}(M_4) \rightarrow O_{16}(M_4) \rightarrow O_{19}(M_4) \rightarrow O_{20}(M_4) \rightarrow O_7(M_4) \rightarrow O_8(M_4) \rightarrow O_9(M_4) \rightarrow O_{10}(M_4) \rightarrow O_{18}(M_4) \rightarrow O_{17}(M_4)$

算　　法	最　好　值	平　均　值	平均收敛代数
SA	187	190.2	46.3
GA	187	188.5	41.1
MPSO	187	187	33.1
HBMO	**187**	**187**	**12.9**

2　HBMO 获得的最优工艺路线

$O_{16}(M_4) \rightarrow O_1(M_4) \rightarrow O_{13}(M_4) \rightarrow O_{11}(M_4) \rightarrow O_{12}(M_4) \rightarrow O_{10}(M_4) \rightarrow O_2(M_4) \rightarrow O_9(M_4) \rightarrow O_{14}(M_4) \rightarrow O_{15}(M_4) \rightarrow O_3(M_4) \rightarrow O_6(M_4) \rightarrow O_7(M_4) \rightarrow O_8(M_4) \rightarrow O_4(M_4)$

算　　法	最　好　值	平　均　值	平均收敛代数
SA	176	179.2	55.8
GA	176	177.5	50.6
MPSO	176	176	39.5
HBMO	**176**	**176**	**22.5**

3　HBMO 获得的最优工艺路线

$O_1(M_4) \rightarrow O_2(M_4) \rightarrow O_9(M_4) \rightarrow O_{10}(M_4) \rightarrow O_{11}(M_4) \rightarrow O_6(M_4) \rightarrow O_3(M_4) \rightarrow O_8(M_4) \rightarrow O_5(M_4) \rightarrow O_7(M_4) \rightarrow O_4(M_4) \rightarrow O_{14}(M_4) \rightarrow O_{12}(M_4) \rightarrow O_{13}(M_4)$

3）结果分析

根据上面的实例得到的数据表明，HBMO 算法具有更高的计算效率和更好的稳定性。HBMO 算法中蜂王婚配阶段和幼蜂生成阶段保证了算法的全局搜索能力。HBMO 算法的子代由蜂王和与蜂王适应度值相差比较小的雄蜂使用交叉操作生成，与遗传算法选择父代生成子代的操作相比，HBMO 算法能够迅速定位问题空间的最优区域。而算法中工蜂对幼蜂的培育阶段，则能够保证算法的局部搜索能力。多个工蜂代表不同的邻域结构，有一定的变邻域搜索算法的思想体现在工蜂培育幼蜂的阶段，这种操作能够避免算法过早收敛陷入局部最优。因此，HBMO 算法能够兼顾全局搜索与局部搜索，在求解 FPP 问题时体现出了良好的计算效率和稳定性。

4.2.2　工艺规划与车间调度集成

在制造系统中，工艺规划通过对工艺路线的优化与选择，指导车间调度的运行。车间调度需要依据工艺规划输出的具体工艺路线,安排工件在不同机器上的开工时间以及加工顺序。一个最优的调度方案不仅取决于制造资源在时间上的分配情况,同时也依赖于工艺规划的结果。由此可见,工艺规划和车间调度具有相互制约、相互影响的紧密关系。在传统的研究当中,工艺规划和车间调度被视为独立的子系统单独进行研究,工艺路线制定之后再来进行车间调度。这种方法不仅不利于提高制造系统的生产效率以及设备利用率,而且会带来一系列的冲突问题。已有研究显示,将工艺规划和车间调度进行集成研究能够有效克服工艺规划与车间调度的冲突问题,从而提高制造系统的效率。

1. 工艺规划与调度集成问题描述

工艺规划和车间调度集成(integrated process planning and scheduling,IPPS)问题可以描述为:有 n 个工件需要在 m 台机器上进行加工。每个工件具有不同的加工特征,每个加工特征可以由不同的加工工艺加工完成,每道工序具有多个可选的加工机器(加工刀具、刀具进给方向等)。IPPS 求解的目的是为每个工件选择合适的工艺路线,同时根据选择的工艺路线确定每台机器上各个工件的开工时间和完工时间,寻找满足整个系统一个或几个性能指标(如最大完工时间、平均流程时间、总机器负载等)的解。

为了形象地描述所研究的 IPPS 问题表 4-4 给出某零件的柔性加工工艺信息表。某零件包含有 14 个加工特征,有 5 台机器可供选择对零件不同的工序进行加工,不同的加工工艺对应不同的加工时间。IPPS 问题求解,需要根据上述提供的加工工艺信息,需要确定每一个工件的每个特征的加工工艺、加工机器,并安排工序的加工顺序、开工时间和完工时间。

表 4-4 某零件的柔性加工工艺信息表

特　征	可选工艺	可选机器	可选机器对应的加工时间	特征之间的次序约束
F_1	O_1	M_2,M_3,M_4	40,40,30	在所有特征之前
F_2	O_2	M_2,M_3,M_4	40,40,30	在 F_{10},F_{11} 之前
F_3	O_3	M_2,M_3,M_4	20,20,15	
F_4	O_4	M_1,M_2,M_3,M_4	12,10,10,8	
F_5	O_5	M_2,M_3,M_4	35,35,27	在 F_4,F_7 之前
F_6	O_6	M_2,M_3,M_4	15,15,12	在 F_{10} 之前
F_7	O_7	M_2,M_3,M_4	30,30,23	在 F_8 之前
		M_1,M_2,M_3,M_4	22,18,18,14	
F_8	$O_8 \rightarrow O_9 \rightarrow O_{10}$	M_2,M_3,M_4	10,10,8	
		M_2,M_3,M_4,M_5	10,10,8,12	
F_9	O_{11}	M_2,M_3,M_4	15,15,12	在 F_{10} 之前

续表

特　　征	可选工艺	可选机器	可选机器对应的加工时间	特征之间的次序约束
F_{10}	$O_{12} \rightarrow O_{13} \rightarrow O_{14}$	M_1,M_2,M_3,M_4	48,40,40,30	在 F_{11},F_{14} 之前
		M_2,M_3,M_4	25,25,19	
		M_2,M_3,M_4,M_5	25,25,19,30	
F_{11}	$O_{15} \rightarrow O_{16}$	M_1,M_2,M_3,M_4	27,22,22,17	
		M_2,M_3,M_4	20,20,15	
F_{12}	O_{17}	M_2,M_3,M_4	16,16,12	
F_{13}	O_{18}	M_2,M_3,M_4	35,35,27	在 F_4,F_{12} 之前
F_{14}	$O_{19} \rightarrow O_{20}$	M_2,M_3,M_4	12,12,9	
		M_2,M_3,M_4,M_5	12,12,9,15	

2. IPPS 问题优化模型

在制造企业中,工艺规划和车间调度往往是独立的两个部门,将两个部门完全进行整合并不现实。考虑到这一实际问题,现有的研究方法主要关注如何增加工艺规划与车间调度之间信息的交互。目前的研究方法主要可以分为三类[9]:非线性方法、闭环式方法和分布式方法(详见二维码)。本节的目标函数包括最小化最大完工时间、最小化总拖期时间、最小化总流程时间、最小化最大机器负载和最小化总机器负载(详细的数学模型见二维码)。

非线性方法、闭环式方法以及分布式方法

3. 基于 HBMO 算法的多目标 IPPS 优化

根据上述的 IPPS 内容和 2.3 节中介绍的 HBMO 算法,本节介绍文笑雨[6]提出的基于 HBMO 算法的多目标 IPPS 优化方法,基于 HBMO 算法的多目标 IPPS 优化方法框架如图 4-7 所示。

IPPS 问题数学模型

算法的主要求解步骤如下:

(1) 根据 n 个待加工工件的工艺信息随机生成 n 个工件的柔性工艺路线种群。

(2) 使用 2.3 节中介绍的 HBMO 算法优化 n 个工艺种群。

(3) 针对每一个工件,输出对应蜂王所代表的近优工艺路线。

(4) 根据每个工件确定的工艺路线生成调度的初始化种群。

(5) 使用多目标 HBMO 算法对调度种群进行优化。

(6) 输出调度种群最后得到的蜂王集,其中每一个蜂王中包含有每个工件确定的工艺路线以及最终调度方案。

(7) 根据 Pareto 支配关系更新多目标优化问题的非支配解集,保存进化过程当中产生的非支配解。

(8) 判断是否满足终止准则,终止准则为达到算法的最大迭代次数。如果满足,则输出最终的非支配解集;如果不满足,当前迭代次数加一,跳回步骤(1)重新

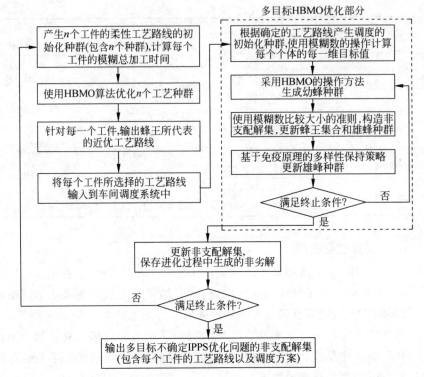

图 4-7   基于 HBMO 算法的多目标 IPPS 优化方法框架

进行集成优化。

4. 案例求解与分析

1) 案例描述

本节以一个 5 台机器和 5 个工件的问题为例,案例来自 Baykasoglu 等[10]。算法的参数设置如表 4-5 所示。

表 4-5   HBMO 参数设置

参　　　数	工艺规划部分	车间调度部分
算法迭代次数 Gen_{max}	Random[1,10]	100
蜂王的数目 $QueenSize$	1	10
蜂王速度和能量的衰减系数 α	0.9	0.9
蜂王飞行时的能量阈值 $threshold$	0.0001	0.0001
蜂群数目 $PopSize$	100	200
蜂王受精囊的容量 $SperSize$	50	100
幼蜂数目 $BroodSize$	50	100
工蜂数目 $WorkerSize$	5	2
工蜂培育幼蜂迭代次数 L_{max}	20	10

2）结果分析

为了测试算法的有效性，将求得的结果与已有文献中其他算法求得的结果进行了对比，计算结果如表 4-6 所示，表 4-7 给出计算的其中一个解的工艺路线。

表 4-6　问题 5×5 计算结果

算　　法	f_1	f_2	f_3	f_4	f_5
Grammatical approach	394	602	1132	328	770
GRASP	242	365	895	217	750
	191	**317**	**847**	**172**	**745**
	198	405	935	**193**	722
	202	**346**	876	**193**	742
	213	362	892	208	727
	210	381	911	**182**	735
HBMO	211	417	947	199	718
	212	414	944	**188**	721
	218	480	1010	**187**	731
	226	454	984	**181**	739
	233	444	974	197	719
	234	**357**	**887**	215	736

数据来源：①Grammatical approach：Baykasoglu A，Ozbakir L. A grammatical optimization approach for integrated process planning and scheduling [J]. Journal of Intelligent Manufacturing，2009，20(2)：211-221. ②GRASP：Rajkumar M，Asokan P，Page T，et al. A GRASP algorithm for the Integration ofProcess Planning and Scheduling in a flexible job-shop [J]. International Journal ofManufacturing Research，2010，5(2)：230-251.

表 4-7　分支配解集的一条工艺路线

工　　件	选择的工艺路线
1	$O_4(M_4) \to O_2(M_2) \to O_5(M_1) \to O_3(M_5)$
2	$O_1(M_3) \to O_4(M_4) \to O_2(M_3)$
3	$O_3(M_5) \to O_5(M_5) \to O_1(M_3) \to O_4(M_4)$
4	$O_3(M_1) \to O_2(M_1) \to O_5(M_2) \to O_4(M_5)$
5	$O_4(M_2) \to O_7(M_5)$

表 4-6 中加粗的数据，表示 HBMO 算法得到的各个目标函数值优于其他算法，HBMO 能够有效求解 IPPS 问题。

表 4-7 是经过 HBMO 算法优化后非支配解集中第一个解的工艺路线，图 4-8 为对应的甘特图。

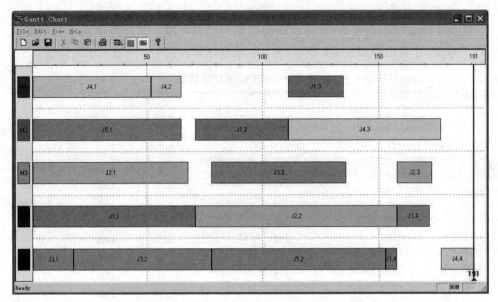

图 4-8　问题 5×5 的非支配解集中第一个解的甘特图

4.3　智能车间调度

4.3.1　柔性作业车间调度

柔性作业车间调度问题(flexible job-shop scheduling problem,FJSP)是经典的作业车间调度问题(job-shop scheduling problem,JSP)的扩展。在经典的 JSP 问题中,工件的每道工序只能在唯一确定的机床上加工。而在 FJSP 中,每道工序可以在多台机床上加工,并且在不同的机床上加工所需时间不同。由于包含机器选择的问题,FJSP 比一般的 JSP 问题更加复杂。

1. 柔性作业车间调度问题描述

柔性作业车间调度问题的描述如下:一个加工系统有 m 台机器和 n 个工件,每个工件包含一个或多个工序,工件的工序顺序是预先确定的,每道工序可以在多台不同的机床上加工,工序的加工时间随机床的性能不同而变化。调度目标是确定每道工序的加工机器,以及每台机器上各工件的加工顺序及开工时间,使系统的某些性能指标达到最优。FJSP 需要满足如下的约束条件[11]:

(1) 所有机器一开始均处于空闲状态;

(2) 所有工件在初始时刻都可以加工;

(3) 工件之间具备相同的优先级;

(4) 不同工件的工序之间没有先后约束;

(5) 工序一旦开始加工就不能中断;

(6) 每个工件在同一时刻只能在一台机器上加工;

(7) 每台机器在同一时刻只能加工一个工件。

为了更加清楚地说明柔性作业车间调度问题,在表 4-8 中,给出 4 个工件的加工信息。工件 1 的加工工序为 $O_{11} \rightarrow O_{12} \rightarrow O_{13}$,其中工序 O_{11} 的可选加工机器为 M_1,M_2,M_3,对应的加工时间分别为 2,3,4。其他的工件相同,问题求解包括两部分:确定各工序的加工机器和确定每台机器上工件的先后顺序。

表 4-8　包括 4 个工件、6 台机床的柔性作业车间调度问题

工件	工序	可选机器集					
		M_1	M_2	M_3	M_4	M_5	M_6
1	O_{11}	2	3	4	—	—	—
	O_{12}	—	3	—	2	4	—
	O_{13}	1	4	5	—	—	—
2	O_{21}	3	—	5	—	2	—
	O_{22}	4	3	—	—	6	—
	O_{23}	—	—	—	—	7	11
3	O_{31}	5	6	—	—	—	—
	O_{32}	—	4	—	3	5	—
	O_{33}	—	—	13	—	9	12
4	O_{41}	9	—	7	9	—	—
	O_{42}	—	6	—	—	4	5
	O_{43}	1	—	3	—	—	3

2. 目标函数

FJSP 中常见的目标函数如下[12]。

(1) 最大完工时间:所有机器处理完任务所用的时间为完工时间,它的最大值被称为最大完工时间。最大完工时间是用来评价 FJSP 问题中调度方案优劣的最常用指标,本章使用最小化最大完工时间作为性能指标:

$$f = \min(\max_{1 \leqslant i \leqslant n} C_i) \tag{4-1}$$

式(4-1)中 C_i 表示工件 i 的完工时间;n 表示工件总数。

(2) 机器总负荷:设备处理时间的总和。由于工序被允许在多台机器设备上进行处理,因此机器荷重会有差异。机器总负荷的表达式如下:

$$f = \min(\sum_{k=1}^{m} \sum_{i=1}^{n} \sum_{j=1}^{h_j} p_{kij} x_{kij}) \tag{4-2}$$

式(4-2)中 m 表示机器总数;n 表示工件总数;h_j 表示工件 j 的总工序数目;p_{kij} 表示工件 i 的工序 j 在机器 k 上的加工时间;x_{kij} 的取值为 0 或 1,当工件 i 的工序 j 选择机器 k 时,x_{kij} 取值为 1,否则取值为 0。

（3）机器最大负荷：在机器设备的运行期间，由于调度方案做出更改，机器承受的负载也会发生变化。为了使机器具有更高的利用率，机器的最大负荷自然越小越好：

$$f = \min(\max \sum_{i=1}^{n} \sum_{j=1}^{h_j} p_{kij} x_{kij}) \tag{4-3}$$

3. 基于广义粒子群的柔性作业车间调度求解

粒子群优化的核心为粒子从其个体极值以及种群中获得更新信息，并在此基础上进行自身的局部或随机搜索。速度-位移更新模型仅为符合此优化机理的具体实现之一。如果忽略粒子的具体更新策略可以得到广义的粒子群（general particle swarm optimization，GPSO）模型。彭传勇[11]等人结合遗传算法和禁忌搜索算法，提出了广义粒子群的方法求解柔性作业车间调度问题（算法的实现方法见二维码）。

4. 案例求解与分析

广义粒子群求解 FJSP问题流程详解

为验证算法的有效性，彭传勇采用 Brandimarte[13]的数据。取种群规模 $n_1 = 100$，$\beta = 20\%$，则记忆库规模 $n_2 = 20$；GPSO 最大迭代次数 $MaxIterStep = 50$；最优值无改进的最大允许步数 $MaxStagnantStep = 10$；当迭代进行到第 $CurIterStep$ 步时，粒子按照交叉方式更新的概率 $\gamma = 1 - CurIterStep / MaxIterStep$，粒子禁忌搜索的最大步长为 $200 \times CurIterStep / MaxIterStep$。整个迭代过程中，粒子随机搜索的概率 $\lambda = 0.1$。程序连续运行 20 次，得到表 4-9 中的优化结果。

表 4-9　优化结果

Problem	UB_B[13]	SA[14]	GPSO	
			C^*	Average
MK01	42	40	40	40
MK02	32	30	26	26
MK03	211	204	204	204
MK04	81	61	60	60
MK05	186	177	173	174
MK06	86	64	58	59
MK07	157	145	144	145
MK08	523	523	523	523
MK09	369	307	307	307
MK10	296	207	201	202

表 4-9 中，UB_B 表示文献[13]的算法得到的最优解，SA（simulated annealing，模拟退火算法）表示文献[14]中得到的最优解。C^* 表示本章介绍的广义粒子群算法 GPSO 找到的最优值，Average 表示多次运行获得解的平均值。

从表 4-9 中可以看出,GPSO 在所有 10 个问题上都取得了比较好的结果。与 SA 算法相比,GPSO 在 5 个问题上得到了更好的解,而且 GPSO 在所有问题上连续运行的结果都比较稳定,平均值与最优值的差距极小。与 UB_B 求得的最优值相比,GPSO 在除 MK08 外的其他问题上都取得了更优的结果。

4.3.2　置换流水车间调度

1. 置换流水车间调度问题描述

置换流水车间调度问题(permutation flow shop problem,PFSP)。PFSP 是一个经典的组合优化问题,一般可以描述为:给定的工件集 $J=\{1,2,\cdots,n\}$,需要在 m 台机器 $M=\{1,2,\cdots,m\}$ 上加工,每一个工件都需要经过 k 道工序,这些工序分别要求不同的机器加工,并且加工过程不能中断。相同时间每一台机器只能加工一个工件,同时,一个工件同一时间也只能被一台机器加工。所有机器上工件的加工次序相同,工件在每台机器上的加工时间是已知的,求解的目的是,确定所有工件在所有机器的加工排列顺序,使得调度方案的一项或多项指标最优。常见的优化目标包括最大完工时间最小、总流水时间最小和机器闲置时间最小等。对于 PFSP 问题,通常给出如下假设[15]:

(1) 每个工件在零时刻都是可用的;

(2) 工件的开始时间是独立的;

(3) 每台机器上的加工任务的顺序相同;

(4) 所有机器都是连续可用的;

(5) 加工任务开始进行加工后不能中断;

(6) 可以求解一个或多个目标值。

2. 目标函数

本节介绍三种常见的置换流水车间的优化目标函数。

(1) 总流经时间:指所有工件的完工时间之和,记为

$$\sum_{j=1}^{n} F_j = \sum_{j=1}^{n} (c_{j,m} - r_j) \tag{4-4}$$

式(4-4)中,F_j 表示工件 j 的完工时间;$c_{j,m}$ 表示工件 j 在机器 m 上的完工时间;r_j 为工件 j 的第一道工序可执行时刻;n 为总工件数目。

(2) 机器空闲时间:机器空闲时间可分为三部分:机器开始之前的空闲时间(front delay,T_{fd})、从机器加工到最后一个工件完工的空闲时间(back delay,T_{bd})和各个工序之间的机器空闲时间(idle time,T_{it})。则机器的空闲时间可以表示为:

$$\sum_{j=1}^{m} I_i = T_{fd} + T_{bd} + T_{it} \tag{4-5}$$

(3) 最大完工时间:最后一个工件离开最后一台机器的时间。工序序列为 $\pi = [\pi(1),\pi(2),\cdots,\pi(n)]$ 的最大完工时间可以表示为

$$C_{\max}(\pi) = \max C_{\pi(i),k} \qquad (4\text{-}6)$$

式(4-6)中,$C_{\pi(i),k}$ 表示工件 i 离开机器 k 的时间。

3. 案例求解与分析

本节介绍混合蚁群算法(HACO)求解以最大完工时间(makespan)为目标的置换流水车间调度问题[15](详细的求解方法见二维码)。问题采用 Taillard[16]的标准测试算例,其中工件数和机器为:$n = \{20, 50, 100\}$,$m = \{5, 10, 20\}$。HACO 算法的参数设置为:蚂蚁数量为 50,挥发系数 $\rho = a^{\frac{Iter+Q}{MaxIter}}$(其中 $a = \frac{1}{2}$),启发系数 $\alpha = 2$,$\beta = 4$,最大迭代次数 $MaxIter = 400$。

混合蚁群
算法求解
置换流水
车间调度
问题详解

为了判断 HACO 算法中局部搜索算法和加入的模拟退火算法的有效性,将两种 HACO 算法的变种算法与 HACO 算法进行比较,其中,将不使用整数序列集合局部搜索算法的 HACO 算法记为 HACO_nL,将不使用模拟退火算法的 HACO 算法记为 HACO_nS,三种算法分别计算 Taillard 算例,每种算法单独运行 10 次得到表 4-10 中结果。

表 4-10　三种算法得到的优化结果

$n \times m$	HACO_nL			HACO_nS			HACO		
	ARPD	MinRPD	MaxRPD	ARPD	MinRPD	MaxRPD	ARPD	MinRPD	MaxRPD
20×5	0.57	0.00	1.05	0.94	0.27	1.85	0.00	0.00	0.00
20×10	0.62	0.07	1.03	0.87	0.56	1.23	0.00	0.00	0.00
20×20	0.38	0.00	0.82	0.61	0.30	1.02	0.00	0.00	0.00
50×5	0.31	0.17	0.55	0.41	0.00	0.67	0.00	0.00	0.00
50×10	0.39	0.23	0.70	0.59	0.47	1.04	0.00	0.00	0.00
50×20	0.59	0.26	0.89	0.85	0.51	1.45	0.00	0.00	0.00
100×5	0.25	0.21	0.58	0.30	0.25	0.62	0.00	0.00	0.00
100×10	0.39	0.12	0.63	0.53	0.20	0.76	0.00	0.00	0.00
100×20	0.34	0.27	0.49	0.46	0.30	0.64	0.00	0.00	0.00
平均值	0.43	0.19	0.75	0.62	0.32	1.03	0.00	0.00	0.00

注:ARPD、MinRPD、MaxRPD 分别表示平均相对偏差、最大相对偏差和最小相对偏差。

三种算法的比较结果也说明了 HACO 对求解置换流水车间调度问题的有效性。

4.4　装配序列规划与平衡

4.4.1　装配序列规划

产品装配是制造过程的最后一个环节,也是决定产品质量和成本的重要环节之一。产品装配质量的好坏直接影响到产品的性能。因此,装配过程规划是产品开发中一个极其重要的阶段。装配序列规划是装配过程规划的主要内容,也是数字化预装配的关键技术和难点,在产品设计开发过程中占有很重要的地位。据统计,设计环节决定了产品加工费用的 70%～80%,其中装配费用占加工费用的40%,随着市场对产品要求的提高,产品日益复杂,装配费用将占有更高的比例。

装配序列是描述产品装配过程的重要信息,是装配序列的评价与优化,选择装配设备和夹具的依据是实现装配过程仿真的基础。装配序列规划(assembly sequence planning,ASP)问题是一个组合优化的问题,假设一个装配体由 N 个零件组成,每个零件至少有 m 种可能的装配方法,则可能的装配序列为 $m^N \times N!$ 种。同时,设计中的微小改动也可能引起装配序列的较大变化。

1. 装配序列规划问题的描述

装配序列规划问题可以描述为一组装配操作(assembly operation,AO)的有序集合。一个装配操作可以作如下定义:

装配操作 AO:由一个装配零件、装配方向以及装配所需工具组成等装配基本元素所组成的一个三元组合:

$$AO = (P, D, T) \tag{4-7}$$

式中,P 表示零件编号;D 表示装配可行方向;T 表示装配所需工具。一个零件的装配方向的可能性有六个,装配工具的个数假设为 k 个,则该零件的装配操作总共有 $6k$ 个。如果一个装配体有 n 个零件,并且考虑基础件,因每个零件最多有 $6k$ 个装配操作,假设 $K = \max(k_i)$,其中 $i = (1, 2, \cdots, n)$,则总共的装配操作个数最多有 $(6K)^n$ 个。所有这些序列构成装配序列的解空间。需要从中找到一条装配重定向次数和装配工具更换次数综合代价最少的序列,即质量最佳的路径。

2. 基于有向图的装配序列规划方法

采用算法求解装配线序列规划问题,需要将问题抽象为适合算法求解的形式。方建新[17]采用有向图表达装配序列问题并采用蚁群算法进行求解。首先,将装配操作赋予到有向图中的每条边,在算法中,蚂蚁根据有向边所表示的装配操作的概率选择下一个零件,而有向边所指向的零件是前一零件装配后的候选零件。

如图 4-9 所示,一个简单的二维装配体示意图有四个零件,其中假设以零件 3 作为基础件,并假设所有零件采用同一种装配工具,其有向图如图 4-10 所示。该有向图可以是根据干涉矩阵中的干涉信息得到的初始有向图,该装配体的干涉矩阵如下:

$$IM = \begin{bmatrix} 0 & 0 & 1 & 1 & 1 & 0 & 1 & 0 \\ 0 & 0 & 0 & 0 & 0 & 1 & 0 & 1 & 0 \\ 0 & 1 & 0 & 1 & 0 & 0 & 0 & 1 \\ 0 & 0 & 0 & 1 & 1 & 0 & 0 & 0 \end{bmatrix}$$

图 4-10 所示的有向图的形成过程如下:从干涉矩阵中可以看出,零件 3 与零

件 1、零件 2、零件 4 都有干涉,因此零件 3 的有向边指向 1、2、4;同理零件 4 与零件 1、零件 2、零件 3 有干涉,因此零件 4 的有向边指向 1、2、3;虽然零件 2 与零件 3 也有干涉,但是零件 2 与零件 3 一起装配的话,影响零件 4 的装配,因此,零件 4 与零件 2 之间指向零件 3 的有向边必须去掉一个。在程序中实现的过程是通过判断某零件的装配是否影响后面零件的装配,即保证后继零件的装配中,不出现可装配方向为零的情况。因此初始有向图为零件在算法中进行后继零件的候选提供了信息保证(产品装配模型与干涉矩阵的建立方法详见二维码)。

产品装配模型与干涉矩阵

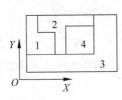
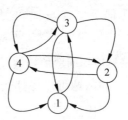

图 4-9　装配体示意图　　　　　图 4-10　初始有向图

3. 基于蚁群算法的装配序列规划问题求解

采用蚁群算法求解装配序列规划问题的流程如下(详细求解方法参见二维码)。

蚁群算法求解装配序列规划问题详解

(1) 系统输入:装配体的干涉矩阵、装配工具列表,基础零件,蚂蚁数目 m,装配零件数目 n,蚁群算法各参数。

(2) 初始化各参数的值,根据干涉矩阵产生初始可行装配序列节点集。

(3) 将当前序列置于蚂蚁的搜索路径,通过可行方向公式推导候选零件,利用蚁群算法的转移概率公式计算每个候选零件的概率,利用随机轮盘赌选择下一个零件。

(4) 将选中的零件从候选零件列表中去掉,更新局部信息素。

(5) 判断是否每只蚂蚁都完成了对零件的搜索,如果没有则返回步骤(3),否则转到步骤(6)。

(6) 根据目标函数计算当前最优序列,更新全局信息素,更新当前最好序列,清空候选表。

(7) 判断是否满足进化代数,满足则输出最优序列,否则跳转到步骤(3)。

4. 案例求解与分析

1) 案例信息

案例来自文献[17]的一个减速器的装配模型,主要包含 16 个待装配零件,其初始装配信息有向图如图 4-11 所示。它为蚁群算法在搜索过程中选择候选零件提供了依据。

该装配体的干涉矩阵如图 4-12 所示。

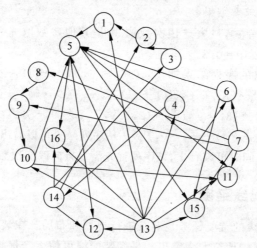

图 4-11　装配体有向图

序号	1(x,y,z)	2(x,y,z)	3(x,y,z)	4(x,y,z)	5(x,y,z)	6(x,y,z)	7(x,y,z)	8(x,y,z)	9(x,y,z)	10(x,y,z)	11(x,y,z)	12(x,y,z)	13(x,y,z)	14(x,y,z)	15(x,y,z)
1	000	011	110	000	010	100	011	000	000	000	000	000	000	000	000
2	000	011	011	000	011	000	000	011	000	011	000	000	000	000	000
3	011	000	000	000	000	000	011	000	000	100	000	000	000	000	000
4	000	100	000	000	000	000	000	000	000	000	000	000	011	011	000
5	000	000	000	100	000	000	000	000	000	000	000	000	000	000	011
6	000	000	011	000	011	011	000	000	000	000	000	000	000	000	000
7	100	100	000	000	000	000	000	000	000	000	000	000	000	000	000
8	011	000	011	000	011	000	000	011	000	000	000	000	000	000	000
9	000	011	000	000	100	000	000	000	011	000	000	000	000	000	000
10	000	000	000	011	000	000	000	000	000	111	000	000	000	100	000
11	011	000	000	000	011	011	000	000	000	000	000	000	000	000	000
12	000	000	000	000	000	011	000	000	011	011	000	000	000	000	000
13	000	100	100	000	000	000	000	000	000	000	000	000	000	000	000
14	100	000	000	100	011	000	000	100	000	000	100	000	000	000	000
15	000	000	000	100	000	000	000	000	000	000	000	100	000	000	000
16	000	000	000	000	000	100	100	000	000	000	000	100	000	000	000

图 4-12　减速器的干涉矩阵

假设装配该减速器用到的工具有四种,对应的零件所需的工具信息如表 4-11 所示。

表 4-11　装配工具信息

零件序号	工具 1	工具 2	工具 3	工具 4	零件序号	工具 1	工具 2	工具 3	工具 4
1	1	0	0	0	9	0	1	0	0
2	0	1	0	0	10	1	0	0	0
3	0	1	0	0	11	0	0	1	0
4	1	0	0	0	12	0	0	1	0
5	0	0	1	0	13	0	0	1	0
6	0	0	1	0	14	0	0	0	1
7	0	0	0	1	15	0	0	1	0
8	0	1	0	0	16	0	0	1	0

2）参数设置与求解结果

蚂蚁数量取 $M=10$，最大迭代次数取 100，其他参数取 $\alpha=1.0,\beta=0.8,\gamma=0.5,\rho=0.2,\delta=0.2,Q=0.8$。

通过计算，得出的序列结果如下：$(15,+y,T_3)\rightarrow(16,+y,T_3)\rightarrow(1,+z,T_3)\rightarrow(13,+z,T_3)\rightarrow(12,+z,T_3)\rightarrow(11,-y,T_3)\rightarrow(4,-y,T_1)\rightarrow(10,-y,T_4)\rightarrow(14,-y,T_4)\rightarrow(3,-y,T_2)\rightarrow(2,-y,T_2)\rightarrow(9,-y,T_2)\rightarrow(8,-y,T_2)\rightarrow(7,-y,T_4)\rightarrow(6,-y,T_1)\rightarrow(5,-y,T_3)$。从序列结果可以看出方向改变次数为2，工具改变次数为6；同时可以看出，该序列优先满足方向改变次数较少的序列。

4.4.2　装配线平衡

建设一条装配线的首要任务是对其进行规划和布局。在装配线规划涉及的众多问题中，平衡问题的地位尤为突出。平衡装配线可使生产保持一种均衡、连续的流动状态，对制造系统的生产率有很大影响。装配线平衡问题（assembly line balancing problem，ALBP）是指将操作分配至各个工位，使得某些目标达到最优的一系列优化决策问题。

1. 装配线平衡问题描述

装配线平衡问题是指将存在优先关系约束的产品装配操作分配至预先设定的工位，使得某些目标达到最优的一系列优化问题。装配线平衡问题的优化目标主要有两大类：技术目标和经济目标。

1）技术目标

技术目标主要指装配线运行的各个要素，如工位个数、节拍等。基于不同的技术目标所求解的装配线平衡问题主要有以下几个方面：

（1）给定装配线的节拍，最小化工位的数量，工位的个数越少，代表着设备和人力资源越少，成本越低，这是装配生产管理追求的目标之一。相应装配线平衡问题称为第1类装配线平衡问题（ALBP-1），此问题主要用于装配线的设计与安装。

（2）给定装配线工位的数量，最小化节拍。节拍越小，就代表制造两个产品的间隔时间越短，即单个产品的制造时间越少，生产率就越高。相应装配线平衡问题称为第2类装配线平衡问题（ALBP-2），此问题主要用于已运行装配线生产效率的进一步优化。

（3）给定装配线的节拍，最小化装配线的均衡指数（工位的平均等待或闲置时间、平衡延迟率或平滑指数），它是衡量一个装配线生产效率高低的重要指标之一。相应装配线平衡问题称为第3类装配线平衡问题（ALBP-3），主要用于装配线平衡效果的评价。

（4）其他的目标，最小化装配线长度、最大化装配线柔性。

2）经济目标

经济目标主要指与装配线运行相关的各类费用，如原料成本、人力成本、收益等。基于不同的经济目标所求解的装配线平衡问题主要有：完成生产任务的前提下，最小化人力成本；给定装配线的人力配置，最大化产品的产量；最小化装配线的在制品成本；最小化装配线的物流成本；最大化装配产品的净利润。

　　装配线平衡问题还有多种，按照所装配产品的类型可分为单产品装配线平衡问题和混合装配线平衡问题；按照装配线的布局形式可分为直线型装配线平衡问题和 U 型线装配线平衡问题；按照装配线各要素发生的状态可分为确定性装配线平衡问题和不确定性装配线平衡问题；按照工位与装配产品的位置可分为单边装配线平衡问题和双边装配线平衡问题。

　　单边装配线平衡问题(single side assembly line balancing problem，SALBP)，其本质是决策一系列操作向各工位分配的混合整数规划问题。SALBP 一般可分为两类：①给定节拍，最小化装配线的工位数量，称为第 1 类装配线平衡问题(SALBP-1)。②给定工位数量，最小化装配线节拍，称为第 2 类装配线平衡问题(SALBP-2)。

2. 改进蚁群算法求解 SALBP-2 问题

　　本节的蚁群算法求解方法，首选采用基于启发式因素选择操作，根据操作分配机制分配操作，依次完成对工位 $1,2,\cdots,m-1$ 的操作分配，然后将剩余操作分配至工位 m，得到 ALBP-2 的初始可行解，保留最好解(SALBP-2 问题的数学模型详见二维码)。

　　根据所得的 s 个初始可行解，利用信息素更新策略，更新两种信息素：操作和工位间的信息素 τ_1、操作间的信息素 τ_2。基于信息素 τ_1 和所提三种启发式因素随机选择一项操作，将其作为首选操作分配至工位 $j(j=1,2,\cdots,m-1)$ 再利用信息素 τ_2 和启发式因素选择工位的其他操作，并根据操作分配机制分配合适的操作至工位 j，得到的新可行解，更新最好解和信息素。重复此过程，直至满足设定的搜索次数，算法结束，输出最好解(算法的详细操作参见二维码)。

第 2 类单边装配线平衡问题的数学模型

3. 案例求解与分析

1) 案例信息

　　本节采用郑巧仙[18]的案例，已知某装配线有 36 项操作，设定工位个数为 6 个，操作的作业时间和优先关系如图 4-13 所示。

改进蚁群算法求解 SALBP-2 问题详解

　　由图 4-13 可知，操作的总作业时间为 973，工位的平均作业时间为 162.2，故其理论最优节拍为 163。

2) 参数设置

　　设定蚁群算法各项参数的取值分别为：蚂蚁数 50，最大迭代次数 50，$\mu_1=0.4$，$\mu_2=0.1$，$\mu_3=0.5$，$\Delta t=2$，$\rho=0.5$，$Q=1000$。将程序运行 50 次，所求得的最优节拍为 163，且共有 47 次求得此值，所求得的最差节拍为 164。平均节拍为163.06。本算法求出了问题的最优解，且求得的概率较高，说明算法的高效性，可进行工业实用。求解的其中一个最优解的操作分配方案、各个工位的实际作业时

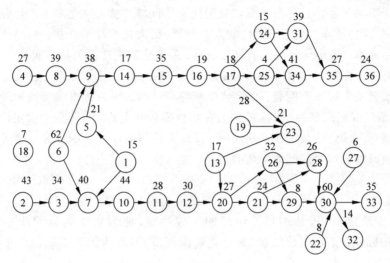

图 4-13　装配线信息图

间以及工位闲置时间见表 4-12。

表 4-12　操作分配及工位作业时间

工 位 号	操 作 分 配	作业时间/s	工位闲置时间/s
1	13,19,6,2,27,18	163	0
2	3,7,4,8,22,1	163	0
3	5,10,9,11,12	161	2
4	14,20,15,26,21,16,29	162	1
5	28,30,17,24,25,31	162	1
6	23,32,33,34,35,36	162	1

习题

1. 简述智能车间与数字化车间两者之间的关系。
2. 简述 CAPP 的概念。
3. 简述基于 HBMO 算法求解柔性工艺规划问题的一般步骤。
4. 工艺规划与调度有冲突吗? 若有,问题是什么? 目前业内是如何解决的?
5. 本章提及的 IPPS 问题的研究方法有哪些? 简述它们各自的特点。
6. 柔性作业车间调度与经典作业车间调度的区别?
7. 简述装配线平衡问题以及它在生产制造过程的重要性。

参考文献

[1] 孙城.数字化车间制造资源集成管理系统的设计与开发[D].杭州：浙江工业大学,2007.

[2] 张艳蕊.数字化车间设备集成技术的研究[D].天津：河北工业大学,2007.

[3] 郭安.智能车间信息物理系统关键技术研究[D].沈阳：中国科学院大学(中国科学院沈阳计算技术研究所),2018.

[4] SCHECK D E. Feasibility of automated process planning[D]. Purdue University,1966.

[5] BERRA P B,BARASH M M. Investigation of automated planning and optimization of metal working processes[M]. Purdue University,1968.

[6] 文笑雨.多目标集成式工艺规划与车间调度问题的求解方法研究[D].武汉：华中科技大学,2014.

[7] LI W D,MCMAHON C A. A simulated annealing-based optimization approach for integrated process planning and scheduling[J]. International Journal of Computer Integrated Manufacturing,2007,20(1)：80-95.

[8] LI X,GAO L,WEN X. Application of an efficient modified particle swarm optimization algorithm for process planning[J]. The International Journal of Advanced Manufacturing Technology,2013,67(5-8)：1355-1369.

[9] PHANDEN R K,JAIN A,VERMA R. Integration of process planning and scheduling：a state-of-the-art review[J]. International Journal of Computer Integrated Manufacturing,2011,24(6)：517-534.

[10] BAYKASOGLU A,OZBAKIR L. A grammatical optimization approach for integrated process planning and scheduling[J]. Journal of Intelligent Manufacturing,2009,20(2)：211-221.

[11] 彭传勇.广义粒子群优化算法及其在作业车间调度中的应用研究[D].武汉：华中科技大学,2006.

[12] 张国辉.柔性作业车间调度方法研究[D].武汉：华中科技大学,2009.

[13] BRANDIMARTE P. Routing and scheduling in a flexible job shop by tabu search[J]. Annals of Operations Research,1993,41(3)：157-183.

[14] NAJID N M,DAUZERE-PERES S,ZAIDAT A. A modified simulated annealing method for flexible job shop scheduling problem[C]//IEEE international conference on systems,man and cybernetics. IEEE,2002：6-12.

[15] 王鹏飞.群智能优化算法及在流水车间调度问题中的应用研究[D].长春：吉林大学,2019.

[16] TAILLARD E D,Benchmarks for basic scheduling problems[J]. European Journal of Operational Research,1993,64：278-285.

[17] 方建新.基于蚁群算法的装配序列规划研究[D].武汉：华中科技大学,2007.

[18] 郑巧仙.求解装配线平衡问题的蚁群算法研究[D].武汉：武汉大学,2013.

第 5 章

群体智能算法在制造服务中的应用

5.1 概述

  制造服务是在传统制造企业核心业务功能的基础上发展而来的一种盈利模式[1]。如图 5-1 所示,传统制造企业核心业务功能是要通过制造获得产品,而制造服务则是在产品完成后延伸的服务,包括为供应商、其他合作伙伴和用户(均视为客户)提供的服务。

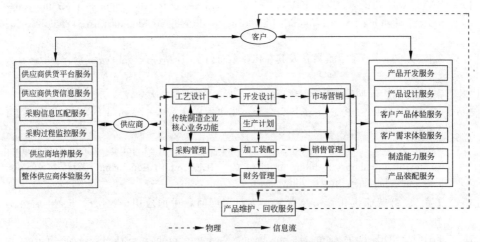

图 5-1　传统制造业核心业务功能与制造服务的关系

  随着全球产业分工日益精细化,在高技术压力和客户个性化需求等要素的驱动下,制造业逐渐呈现出采用服务化的形式以满足客户服务需求的趋势,同时一些服务业越来越向工业界渗透,为制造企业和产品用户提供专业化的服务,由此产生了融合互联网、通信、计算机等信息化手段和现代管理思想与方法的现代制造服务[2]。

现代制造服务是面向制造业的产品生命周期的服务,包括产品全生命周期全过程中面向生产者及生产过程的服务和面向消费者及消费过程的服务。前者称为面向制造业的生产性服务;后者称为面向制造业的产品服务。

5.2　供应链物料采购优化

供应链管理是现代企业生产经营的重要理念,主要是为了实现采购资源的优化管理。供应链管理主要包括计划管理、采购管理、制造管理、交付管理、退货管理等几个方面,构建完善的供应链管理体系,是公司开展生产经营的重要基础,其中采购管理是供应链管理的重要内容,也是开展供应链管理的基础。

供应链管理下的采购模式主要有协同式供应链库存管理(collaborative planning forecasting and replenishment,CPFR)和供应链管理下的准时化(just in time,JIT)采购管理模式。JIT 采购管理模式是本节描述的重点。

在供应链管理模式下的采购活动是在供应链管理模式的基础上进行的,主要包含以下几个方面:①集中采购或者大宗采购行为,也是指对物料的购买行为;②需根据时间节点要求,对物料进行配送;③根据物料清单对配送物料进行验收、入库登记等活动,即对物料验收与仓储管理,确保物料质量、数量的可靠性;④对物料市场实际供需及价格变化情况进行认真分析,以指导企业制订更加科学、合理且满足实际要求的采购计划,合理控制采购成本,进而结合市场情况,提高物料采购性价比[3]。

5.2.1　基于 JIT 的物料采购优化问题

JIT 采购是将准时化生产理念应用于采购管理中的一种模式,是现代社会中一种较为先进的采购模式,专注于消除库存与不必要浪费,对采购模式和流程进行持续改进。JIT 采购具有以下优势:①大幅降低原材料与外购件库存;②提升采购物资质量;③降低采购价格;④提高采购物资生产和供货准时率[4]。

物料需求计划(material requirement planning,MRP)是对企业生产过程进行计划与控制的信息系统,是制定采购计划的主要方法,但是当生产发生较大变动时,生产计划的调整变得很困难,由此产生的高库存和在制品成为其主要缺点。因此采用 MRP 与 JIT 混合管理模式,既能实现准确的产品采购计划计算,又可以对实际生产情况进行实时监控[5]。因此,本节探讨一种基于 MRP 产品计划编制和JIT 采购的单一制造商-多供应商两级供应链订购批量优化问题。

1. 问题描述

制造商为完成产品装配,在计划期内根据主生产计划,按照 MRP 原理确定外购件的需求时段及数量,使外购件订货计划满足产品物料清单(bill of materials,BOM)的装配约束。一种外购件只由一个供应商提供,不同外购件可以来源于同一供应商。采取制造商一次订货,供应商多次配送的JIT采购方式,制造商由此能获得按需准时到货的便利,但为平衡供应链利益,运输次数增多而产生的成本不由供应商承担。一种产品一次订货总数量为制造商MRP计划期内的总需求量,故计划期内各项采购成本易于控制且保持不变,只需确保供应商按时段分批发货。供应链基于准时制原则,属拉动式管理,其最大优点在于零库存,制造商的节点需求量也是供应商配送量,需求时间即为供应商送货时间。为了协调供应链利益,考虑在满足制造商生产目标的前提下,对其计划期内单位时间需求量进行局部调整,确定各个需求节点上不同外购件的最佳配送量,使得供应链整体成本最低,利润最大化。

基于以上描述和JIT供应链特征,做如下基本假设:①供应商配送时效稳定,无到货延迟;②供应链采用JIT采购方式,不设置安全库存;③模型中各类单位成本均为固定值,不受货物量或时段影响;④运输费用由制造商承担,供应商承担包装发货成本。

2. 数学模型

本节考虑供应链总成本为目标函数,主要包括制造商库存成本、制造商运输成本、制造商缺货成本、供应商库存成本、供应商赶工成本,供应商发货成本(具体的目标函数和约束条件见二维码)。

基于 JIT 的
物料采购
优化数学
模型

5.2.2　粒子群优化算法求解过程

多供应商下结合产品 BOM 约束的多零部件多时段物料采购计划,是复杂随机整数规划问题。本节基于PSO算法,引入遗传算法(genetic algorithm,GA)的交叉操作,提出一种基于整数编码的PSO算法用于模型求解。将主生产计划作为粒子编码对象,通过对其进行调整间接获得时段上的采购计划。

1. 粒子的编码方式

模型求解的核心是通过确定制造商主生产计划,间接获得对应的订购和供货方案 $Q = [q_{ij}]_{m \times n}$。因此用整数粒子表示制造商产品的主生产计划,粒子分量序列表示相应时段上产品的计划产出,整数粒子 $R = (R_1, R_2, \cdots, R_j, \cdots, R_n)$,其中第 j 时段产品的计划产出量为 R_j。

2. 种群初始化策略

为满足种群的多样性,生成一定规模的种群便于算法搜索。粒子群算法的初始化操作随机产生粒子的位置和速度向量。对于本节所研究的JIT采购和MRP计划混合优化问题,为了加快求解速度并获得有效解,在生成初始种群粒子时,将制造商主生产计划作为一定数量比例(约为种群粒子总数的1/3)的初始粒子,与其他随机生成的粒子共同组成初始种群。

为满足生产总量约束,制造商在需求节点上的随机产量按照 $R_j = round\left[rand\left(0, \sum_{j=1}^{n} R_j - \sum_{j=1}^{j-1} R_j\right)\right]$ 的方式生成。同理,将粒子的速度定义为一维向量 v_j,表示粒子在空间飞行的距离,并用 $V_{\max}$ 表示粒子搜索过程中的最大速度。

3. 粒子更新策略

在每一次迭代中,粒子通过跟踪个体极值和全局极值来更新自己的位置和速度,更新过程按下式进行:

$$v'_j = round(w \times v_j) + r_1 + r_2 \tag{5-1}$$

$$R'_j = R_j + v_j \tag{5-2}$$

$$q_{il} = R_{1+Li} \times z_i - kc_i \tag{5-3}$$

$$q_{ij} = R_{j+Li} \times z_i \tag{5-4}$$

通过式(5-1)、式(5-2)更新粒子时,将 R_j 根据 BOM 中的装配比例 z_i、各个外购件的订货提前期 L_i 以及供应商原始库存 kc_i 计算出供应商对应的供货方案 $\boldsymbol{Q} = [q_{ij}]_{m \times n}$,将 $\boldsymbol{Q}$ 代入目标函数中可计算出各粒子的目标函数值,挑选出各粒子经过的最优位置 $pbest$ 和种群经历过的最优位置 $gbest$。式(5-1)中 w 是粒子群飞行时的惯性权重,r_1 和 r_2 是各粒子的分量 R_j 在比较 $pbet_k$ 和 $gbest$ 后生成的两个随机数: $r_1 = rand\ int(1,1,[m_1,n_1])$,$r_2 = rand\ int(1,1,[m_2,n_2])$。在某粒子 J 时刻的 $pbest_{(k)j} > R_j$ 时,$m_1 = 0$,$n_1 = c_1 \times (pbest_{(k)j} - R_j)$;当 $pbest_{(k)j} < R_j$ 时,$m_1 = c_1 \times (pbest_{(k)j} - R_j)$,$n_1 = 0$;当 $gbest_j > R_j$ 时,$m_2 = 0$,$n_2 = c_2 \times (gbest_j - R_j)$;当 $gbest_j < R_j$ 时 $m_2 = c_2 \times (gbest_j - R_j)$,$n_2 = 0$。其中 c_1 和 c_2 为粒子群算法中的学习因子。

4. 越界处理

PSO 算法运行过程中由于粒子的更新,不可避免地会产生非法解,因此必须结合问题将约束映射到算法流程中,寻优操作才能合理进行。对于行向量 $\boldsymbol{R} = (R_1, R_2, \cdots, R_j, \cdots, R_n)$,每迭代一次,行向量中所有分量均会更新,更新后的 $\boldsymbol{R}'$ 有极大的可能不满足 $R_{sum} = \sum_{j=1}^{n} R_j$ 的约束。因此,对于粒子飞行的速度 v_j(步长),当更新后的 v'_j 超过 $V_{\max}$ 时,对粒子以一个确定的比例 $rate$ 进行减速操作:

$$v'_j = round(v_j \times rate) \tag{5-5}$$

在算法设计时给予 R_{sum} 一个小范围宽放,使粒子中的分量能够搜索到更优的位置并提高搜索效率,将数量约束由 $R_{sum} = \sum_{j=1}^{n} R_j$ 宽放至 $R'_{sum} = R_{sum} \pm KF$。为使粒子在越界后重新更新位置,设置减速操作:当 $(R'_1, R'_2, \cdots, R'_j, \cdots, R'_n)$ 的行和不满足宽放后的约束范围,对 $(R'_1, R'_2, \cdots, R_j, \cdots, R_n)$ 更新位置时使用的速度 v_j 按式(5-5)缩小后重新更新,逐个减速,直至 $\sum_{j=1}^{n} R'_j$ 满足约束。

5. 粒子位置交叉策略

粒子位置交叉策略伴随着问题模型的数量约束和迭代次数的增加,粒子群的多样性会迅速下降,粒子极易进入早熟收敛状态。而遗传算法的交叉操作相应于生物遗传过程中的基因重组,在遗传算法中起着核心作用。为此,在粒子更新后引入交叉操作以增加粒子群的多样性,防止种群陷入局部最优。

将交叉操作放在一个父本的任意两列上进行,对粒子群设置交叉概率 $pcross$ 并根据 $pcross$ 和种群规模 N 生成一定的交叉次数 $p_{unm} = pcross \times N$。当粒子 R_k 的随机交叉概率 $p < pcross$ 且累积交叉次数低于 p_{num} 时,将 R_k 选中作为交叉父本,表示为 $R_k = (R_1^{p_1}, R_2^{p_1}, \cdots, R_j^{p_1}, \cdots, R_n^{p_1})$;对选中的父代随机选择交叉列,假设选中第 j 列和第 n 列,则交叉后产生的子代粒子 $C_1 = (R_1^{p_1}, R_2^{p_1}, \cdots, R_n^{p_1}, \cdots, R_j^{p_1})$。

对交叉后的新粒子 C_1 根据粒子更新策略中的描述重新计算 $\boldsymbol{Q} = [q_{ij}]_{m \times n}$ 和适应度值,若新粒子的 $pbest_k'$ 和 $gbest'$ 优于交叉前的值则更新 $pbest_k'$ 和 $gbest'$。

综上,设计的粒子群算法流程如图 5-2 所示。

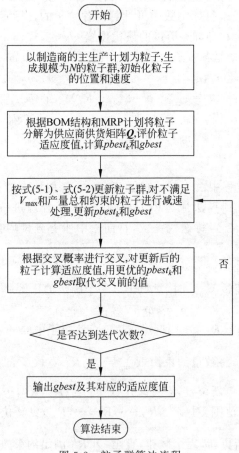

图 5-2 粒子群算法流程

5.2.3　实例分析

1. 实例描述

为验证模型和算法的可行性及有效性,对某制造商的产成品及其外购件进行模拟,产品的 BOM 结构如图 5-3 所示[6]。

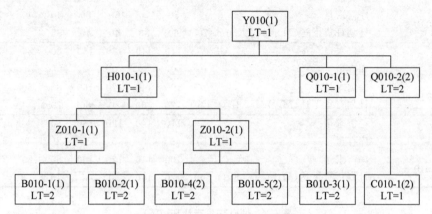

图 5-3　产品 Y010 的 BOM 结构

Y 表示产成品;H 表示焊接;Q 表示油漆;B 表示外购;Z 表示装配;C 表示原材料;LT 表示提前期;(·)表示数量

图 5-3 的 BOM 结构表示了制造商生产的编码为 Y010 的产品构成,其中 B010-1、B010-2、B010-3、B010-4、B010-5 为生产 Y010 所需的 5 种外购件。根据 Y010 的主生产计划以及外购件的数量比例,制订了 MRP 外购件的需求计划。表 5-1、表 5-2 分别为制造商的主生产计划和 MRP 计划;供应商的生产计划以及算例中各项成本参数如表 5-3～表 5-5 所示。

表 5-1　制造商 Y010 产品主生产计划

时段 j	1	2	3	4	5	6	7	8	9
Y010 计划产出量 R_j	—	—	55	70	60	80	40	40	35

表 5-2　外购件 MRP 计划

外　购　件	时段 j	1	2	3	4	5	6	7	8	9
	毛需求量			55	70	60	80	40	40	35
	库存量	0	0	0	0	0	0	0	0	0
B010-1	净需求量			55	70	60	80	40	40	35
	计划订货下达(M_{1j})	55	70	60	80	40	40	35		
	毛需求量			55	70	60	80	40	40	35
	库存量	10	0	0	0	0	0	0	0	0

续表

外购件	时段 j	1	2	3	4	5	6	7	8	9
B010-2	净需求量			45	70	60	80	40	40	35
	计划订货下达(M_{2j})	45	70	60	80	40	40	35		
B010-3	毛需求量			55	70	60	80	40	40	35
	库存量		5	0	0	0	0	0	0	
	净需求量			50	70	60	80	40	40	35
	计划订货下达(M_{3j})	50	70	60	80	40	40	35		
B010-4	毛需求量			110	140	120	160	80	80	70
	库存量		10	0	0	0	0	0	0	
	净需求量			100	140	120	160	80	80	70
	计划订货下达(M_{4j})	100	140	120	160	80	80	70		
B010-5	毛需求量			110	140	120	160	80	80	70
	库存量		10	0	0	0	5	0	0	0
	净需求量			100	140	120	160	80	80	70
	计划订货下达(M_{5j})	110	140	120	160	80	80	70		

表 5-3　供应商生产计划(P_{ij})

时　段	1	2	3	4	5	6	7	8	9
B010-1 供应商	40	60	40	60	60	40	60	—	—
B010-2 供应商	40	40	70	70	70	60	40	—	—
B010-3 供应商	70	70	70	40	40	70	40	—	—
B010-4 供应商	120	120	100	100	120	100	100	—	—
B010-5 供应商	130	130	80	80	80	130	130	—	—

表 5-4　供应商成本参数

成　本	外　购　件				
	B010-1	B010-2	B010-3	B010-4	B010-5
单位运输成本 Vm_i	4	2	3	4	2
单位库存成本 Hm_i	3	3	3	3	3
单位缺货成本 Lm_i	6	5	3	4	3

表 5-5　制造商成本参数

成　本	外　购　件				
	B010-1	B010-2	B010-3	B010-4	B010-5
单位运输成本 Vm_i	4	2	3	4	2
单位库存成本 Hm_i	3	3	3	3	3
单位缺货成本 Lm_i	6	5	3	4	3

2. 结果分析

将粒子群算法参数设置如下：学习因子 $c_1 = c_2 = 2$；种群数量 $N = 50$；迭代次数 $D = 200$；惯性权重 $w = 0.5$；速度边界 $V_{\max} = 10$；粒子搜索过程中的产量宽放值 $KF = \pm 6$；减速比例 $rate = 0.5$；交叉概率 $pcross = 0.4$。算法运行后求得的供应链最小成本 $\min TSCC = 11\ 922$。协同规划后的制造商生产计划和外购件订购计划分别如矩阵 $\boldsymbol{R}_{\text{best}}$ 和 $\boldsymbol{Q}_{\text{best}}$ 所示，利用粒子群算法对模型求解后的外购件订货量偏差如表 5-6 所示。

$$\boldsymbol{R}_{\text{best}} = \begin{bmatrix} 65 & 60 & 50 & 55 & 65 & 50 & 35 \end{bmatrix} \tag{5-6}$$

$$\boldsymbol{Q}_{\text{best}} = \begin{bmatrix} 65 & 60 & 50 & 55 & 65 & 50 & 35 \\ 55 & 60 & 50 & 55 & 65 & 50 & 35 \\ 60 & 60 & 50 & 55 & 65 & 50 & 35 \\ 120 & 120 & 100 & 110 & 130 & 100 & 70 \\ 130 & 120 & 100 & 110 & 130 & 100 & 70 \end{bmatrix} \tag{5-7}$$

表 5-6　优化后产品计划产量和外购件总订货量偏差

	R_{sum}	Q_1	Q_2	Q_3	Q_4	Q_5
调整前	380	380	370	375	750	760
调整后	380	380	370	375	750	760
偏差值	0	0	0	0	0	0

显然，算法的求解结果满足 $\boldsymbol{R}'_{\text{sum}} = \boldsymbol{R}_{\text{sum}} \pm KF$ 约束处理。在算法运行过程中，最优粒子的解有可能不完全满足 $\boldsymbol{R}_{\text{sum}} = \sum_{j=1}^{n} \boldsymbol{R}_j$ 的约束，但对于制造商和供应商，目标函数 $\min TSCC$ 明显优于搜索开始时初始种群满足 $\boldsymbol{R}_{\text{sum}} = \sum_{j=1}^{n} R_j$ 的 $TSCC$，这样小数量的生产和配送变化不但为供应链带来了更大的利益，也避免了算法为了满足约束而陷入搜索困难的问题。

5.3　云制造服务组合优化

云制造是一种利用网络制造服务平台，按用户需求组织制造资源，为用户提供各类按需制造服务的一种网络化制造新模式[7]，它克服了地理位置的障碍，将分布式的制造资源通过云制造管理平台进行集中整合形成"云池"，为不同用户提供制造服务匹配、组合、调用等服务[8]。

在云制造服务平台中，用户需求可以分为单一资源服务需求和多资源服务需求，针对单一资源服务需求，服务平台从大量相近或相似的待选制造服务"云池"中选择服务质量（quality of service，QoS）最佳的制造服务来执行，即云制造服务优选；对多资源服务需求，服务平台必须从搜索到的符合各子任务需求的待选云制造服务集中，各选一个云制造服务组装成云制造服务组合调度方案，并从所有可能组合中选择整体服务质量最佳的一组组合来协同完成任务，即云制造服务组合及优化[9]。可见，云制造服务的组合是一个典型的多目标规划问题。事实上，制造企业业务环境复杂多变，对服务的功能需求会随时间和应用环境的不同而动态变化，导致云制造服务的需求是不确定和动态变化的，因此用户需求往往是多资源服务需求，需要进行服务的组合。针对每个工作流活动，从众多功能相同或相近的候选服务池中进行服务组合，会形成组合"爆炸"，这是一个典型的 NP 难题。如何从海量组合方案中挑选出满足用户需求的最佳服务组合，已成为云制造服务组合及优化的关键问题[8]。

本节将给出云制造服务组合优化的问题模型，并利用蚁群算法选出的组合方案推荐给用户。

5.3.1　问题描述

1. 云制造服务组合流程

云制造服务的组合是按照一定业务逻辑和给定约束条件对现有服务的集成，云制造环境下的服务组合和网络制造模式下的服务组合过程类似，每个制造任务从执行请求到服务组合，需经历制造任务分解、云制造服务匹配选择、云制造服务组合三个阶段[10]。

制造任务分解：将制造任务分解为若干不可再分且能被单一制造服务完成执行的子任务。设 M 表示一个制造任务，则 $M = \{M_1, M_2, \cdots, M_i, \cdots, M_n\}$，其中 n 为分解后的子任务数量。

云制造服务匹配选择：根据各候选云制造服务的 QoS 总和排序，将不满足功能要求的服务及 QoS 综合值过低的服务过滤，以缩小服务选择空间，提高后续服务组合算法运行的效率。生成子任务 M_i 的候选云制造服务集 $CS_i = \{cs_{i1}, cs_{i2}, \cdots, cs_{ij}, \cdots, cs_{im}\}$，其中 m 表示子任务 T_i 的候选云制造服务数量。

云服务组合：从每个子任务候选云制造服务集 CS_i 中挑选一个候选制造服务 cs_{ij}，生成所有可能的组合，可见有 $\prod\limits_{i=1}^{n} mi$ 种组合，根据给定的约束条件综合考虑制造服务质量和转移成本，选择一组最佳服务组合形成执行路径。

2. 子任务制造服务 QoS 评估模型

制造任务经分解后，不同子任务需求不同类型的制造服务，本节在讨论时将子任务的制造服务分为硬件制造服务和软件制造服务。硬件制造服务专指需要生产和制造设备的服务，其余为软件制造服务。马文龙等[8]提出了制造服务 QoS 评估时的参数设置、数据采集和量化的系统方法。下面将详细介绍制造服务 QoS 评估模型。

定义 5.1　每个候选云制造服务集 CS 的 QoS 信息由 $\{C,T,Rel,A,H\}$ 五种属性描述。其中：

（1）服务价格 C 包含两种含义：若 CS 为硬件制造服务集，则 C 表示单件产品的外协报价；若 CS 为软件制造服务集，则 C 表示应用服务 CS 的价格。

（2）服务时间 T 表示云制造服务从调用开始到获得反馈的时间长度。若 CS 为硬件云制造服务集，则 T 为生产、制造、加工该产品的时间；若 CS 为软件云制造服务集，则 $T=T_{\text{com}}+T_{\text{delay}}$，其中 T_{com} 为软件云制造服务实际的运行时间，T_{delay} 为服务实际延迟的时间。

（3）服务可靠性 Rel 表示云制造服务 CS 在运行期间保证服务正常被调用的概率。

（4）服务可用性 A 表示云制造服务 CS 在运行期间无故障时间的占比。

（5）服务诚信度 H 表示服务使用者对云制造服务提供方的综合评价。

设云制造服务 CS 在 (t_1,t_2) 时间区间被访问 N 次，获得正常调用的次数为 N_a，服务时间段内设备保证无故障的时间为 t_a，第 k 次调用服务使用者事后给出的用户评价为 h_k，则

$$Rel=\frac{N_a}{N} \tag{5-8}$$

$$A=\frac{t_a}{t_2-t_1} \tag{5-9}$$

$$H=\frac{1}{N_a}\sum_{k=1}^{N_a}h_k \tag{5-10}$$

依据上述描述可知，所有子任务的服务的 QoS 信息可统计到一个三维矩阵 $[q_{ijk}]_{n\times m}\times5$ 中，其中 n 为子任务个数，m 为子任务候选云制造服务，5 表示五种 QoS 指标。为了计算单个候选云制造服务的效能，需对各 QoS 指标进行量化，因为各 QoS 属性值的计量单位不同，不能直接进行计算，所以需进行归一化处理。每个候选制造服务的 QoS 属性可分为积极属性和消极属性两种。积极属性包含可靠性、可用性和服务诚信度，值越大对服务效能的影响越有益，按式（5-11）进行统一量化。服务价格和服务时间属于消极属性，值越小对服务效能的影响越有益，按式（5-12）进行统一量化。

$$q'_{ijk}=(q_{ijk}-q_{ik}^{\min})/(q_{ik}^{\max}-q_{ik}^{\min}) \tag{5-11}$$

$$q'_{ijk}=(q_{ik}^{\max}-q_{ijk})/(q_{ik}^{\max}-q_{ik}^{\min}) \tag{5-12}$$

单个子任务 Mi 的候选制造服务的服务效能序列可由式（5-13）计算得到。

$$qos_i=\left(\sum_{k=1}^{5}q'_{i1k}\times w_k,\sum_{k=1}^{5}q'_{i2k}\times w_k,\cdots,\sum_{k=1}^{5}q'_{im_ik}\times w_k\right) \tag{5-13}$$

式中，w_k 表示第 k 个 QoS 指标对应的权重，且满足 $\sum\limits_{j=1}^{5} w_j = 1$。

3. 服务组合 QoS 计算模型

定义 5.2 云制造服务组合由 $\{S, R, Q, D\}$ 四种属性描述，其中：

选定子任务云制造服务集合 $S = \{s_1, s_2, \cdots, s_i, \cdots, s_n\}$，表示构成组合服务的子任务云制造服务集合，$s_i$ 是一个抽象的服务，在服务组合执行前，s_i 从候选服务集 CS_i 中优选出一个具体服务 cs_{ij} 代替 s_i。

(1) 制造任务关系集合 $R \subset S \times S$；

(2) QoS 效能集 Q 包含所有服务的服务效能；

(3) 服务转移成本集合 $D = \{f(c), f(t)\}$，其中 $f(c)$ 表示服务间的转移费用成本，$f(t)$ 表示服务间的转移时间成本。

Web 服务业务流程执行语言（Web service business process execlution language，WS-BPEL）是 Web 服务工作流的描述语言，其中定义的主要流程控制活动有顺序、并行、选择和循环结构等[8]，适用于描述云制造服务组合。通过此四种基本结构可以组合出多个服务，形成云服务组合的执行路径。根据不同的执行流程，服务组合整体 QoS 有不同的计算方法，计算模型如表 5-7 所示。

表 5-7　服务组合 QoS 计算模型

QoS 指标	顺 序	并 行	选 择	循 环
C	$C_{\text{seq}} = \sum\limits_{i=1}^{n} c_i$	$C_{\text{flow}} = \sum\limits_{i=1}^{n} c_i$	$C_{\text{switch}} = \sum\limits_{i=1}^{k} c_i \times p_i$	$C_{\text{while}} = r \times \sum\limits_{i=1}^{n} c_i$
T	$T_{\text{seq}} = \sum\limits_{i=1}^{n} t_i$	$T_{\text{flow}} = \max(t_i)$	$T_{\text{switch}} = \sum\limits_{i=1}^{k} t_i \times p_i$	$T_{\text{while}} = r \times \sum\limits_{i=1}^{n} t_i$
Rel	$Rel_{\text{seq}} = \prod\limits_{i=1}^{n} rel_i$	$Rel_{\text{flow}} = \prod\limits_{i=1}^{n} rel_i$	$Rel_{\text{switch}} = \sum\limits_{i=1}^{k} rel_i \times p_i$	$Rel_{\text{while}} = (\prod\limits_{i=1}^{n} rel_i)^r$
A	$A_{\text{seq}} = \prod\limits_{i=1}^{n} a_i$	$A_{\text{flow}} = \prod\limits_{i=1}^{n} a_i$	$A_{\text{switch}} = \sum\limits_{i=1}^{k} a_i \times p_i$	$A_{\text{while}} = (\prod\limits_{i=1}^{n} a_i)^r$
H	$H_{\text{seq}} = (\sum\limits_{i=1}^{n} h_i)/n$	$H_{\text{flow}} = (\sum\limits_{i=1}^{n} h_i)/n$	$H_{\text{switch}} = (\sum\limits_{i=1}^{k} t_i \times p_i)/k$	$H_{\text{while}} = (\sum\limits_{i=1}^{n} h_i)/n$

注：n 为服务组合中子任务云制造服务的个数；k 为选择或并行控制中的分支数；p_i 为选择结构中第 i 个分支被选中执行的概率，$\sum\limits_{i=1}^{k} p_i = 1$；$r$ 为循环控制结构循环的次数。

5.3.2　蚁群算法求解过程

1. 问题转化

蚁群算法是用来在图中寻找优化路径的模拟进化算法，适用于解决云制造服务组合优化问题[11]。采用图论知识可将组合制造服务的四种属性转换为一个带权的有向图 $G = \{V, E, Q, D\}$。其中 V 为候选的云制造服务节点集，对应于云制造服务四种属性中的候选服务集合 S；E 为两节点的边集，对应于关系集合 R；Q

为候选云制造服务的效能值集合；D 为云制造服务间的转移成本集合。基于有向图 G 形成的云制造服务组合蚁群模型如图 5-4 所示。

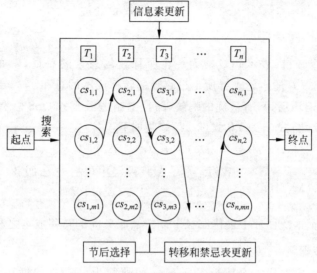

图 5-4　云制造服务组合蚁群模型

对应于基本蚁群算法，各参数的信息规定如下：n 为子任务的个数；m_i 为第 i 个子任务的候选云制造服务的个数；Ac 为蚂蚁的数量；$\tau_{ij}(t)$ 为 t 时刻在 ij 云制造服务上残留的信息量，ij 表示制造服务的编号；$\tau_{ij}(0)=Q_{ij}$，Q_{ij} 为根据式(5-13)计算出的单个云制造服务的效能；蚂蚁 k 在运动过程中，根据制造服务上的信息量，概率选择转移方向，$p_{ij,lr}^{k}(t)$ 表示蚂蚁 k 在 t 时从 ij 转移到 lr 的概率。

$$p_{ij,lr}^{k}(t)=\begin{cases}\dfrac{\tau_{lr}^{\alpha}(t)\cdot\eta_{lr}^{\beta}(t)}{\sum\limits_{sr\in allowed_{ij}}\tau_{sr}^{\alpha}(t)\cdot\eta_{sr}^{\beta}(t)}, & lr\in allowed_{ij}\\ 0, & 否则\end{cases} \qquad (5\text{-}14)$$

式中，$allowed_{ij}$ 表示 ij 的邻接路径集合；α 为信息素的重要程度，代表信息启发式因子；β 为路径能见度的相对重要性，代表期望启发因子；$\eta_{lr}(t)$ 为启发函数，$\eta_{lr}(t)=1/D_{(ij,lr)}$，$D_{(ij,lr)}$ 表示从 ij 云制造服务转移到 lr 云制造服务的转移成本[12]。

当完成一次遍历后，更新各服务点的信息素浓度，这里用禁忌表 $tabu_k$ 记录蚂蚁 k 目前已访问过的制造云服务和 QoS 出现突发异常的服务(如制造资源关闭导致云服务退出、机器故障导致制造云服务不可用等情况)，用参数 ρ 表示信息素挥发系数，$\rho\in[0,1)$，经过 n 个时刻，各服务点上的信息素浓度根据式(5-15)和式(5-16)调整。

$$\tau_{ij}(t+n)=(1-\rho)\cdot\tau_{ij}(t)+\Delta\tau_{ij}(t) \qquad (5\text{-}15)$$

$$\Delta\tau_{ij}(t)=\sum_{k=1}^{Ac}\Delta\tau_{ij}^{k}(t) \qquad (5\text{-}16)$$

式中,$\Delta\tau_{ij}(t)$ 为本轮循环中 ij 云制造服务信息素增量;$\Delta\tau_{ij}^k(t)$ 表示蚂蚁 k 本轮循环留在 ij 云制造服务上的信息量。

$$\Delta\tau_{ij}^k(t)=\begin{cases}\dfrac{W}{L_k}, & \text{蚂蚁 } k \text{ 经过 } ij \\ 0, & \text{否则}\end{cases} \tag{5-17}$$

式中,W 为一个常量,表示蚂蚁搜索一轮所释放信息素的总量,W 的值可事先设定;L_k 表示蚂蚁 k 的本轮查寻所走过路径的转移成本的总和。

完成一次遍历后,只有最优的蚂蚁(路径上制造云服务 QoS 总和最大)可以进行信息素更新。将式(5-15)和式(5-17)修改如下:

$$\tau_{ij}(t+n)=(1-\rho)\times\tau_{ij}(t)+\Delta\tau_{ij}^{best}(t) \tag{5-18}$$

$$\Delta\tau_{ij}^{best}(t)=\begin{cases}W/L_{best}, & \text{最优路径中包括 } ij \text{ 云服务} \\ 0, & \text{否则}\end{cases} \tag{5-19}$$

式中,L_{best} 表示本次循环中最优路径上制造云服务间的转移成本之和。

2. 算法步骤

步骤 1 设定迭代的次数为 $MaxIter$,蚂蚁数为 AC,迭代循环变量 $Iter=0$,蚂蚁循环控制变量 $k=0$,启发因子 $\alpha=1.0$,期望因子 $\beta=2.0$,信息素挥发系数 $\rho=0.8$,禁忌表 $tabu_k=\varnothing$,路径表 $path_k=\varnothing$,最优服务组合列表 $L=\varnothing$,$\tau_{min}=1/20$,$\tau_{max}=1.0$。将蚂蚁放置在云制造服务组合图中的初始节点,根据式(5-13)计算候选云制造服务的综合效能作为各节点信息素浓度的初值 $\tau_{ij}(t)$。

步骤 2 迭代循环变量 $Iter=Iter+1$,如果 $Iter>MaxIter$,则跳出循环,转步骤 10。

步骤 3 蚂蚁循环变量 $k=k+1$,如果 $k>M$,则跳出 k 循环,转步骤 8。

步骤 4 搜寻与该蚂蚁节点相连的所有路径,根据式(5-14)计算状态转移概率,选择下一节点。

步骤 5 重新配置禁忌表 $tabu_k$,将新选中的节点添加到禁忌表,若组合过程中发现任何一节点 QoS 出现异常,则将该节点加入禁忌表。

步骤 6 若新选中的节点为制造流程终点,则此轮蚂蚁寻找服务结束,转步骤 7;否则转步骤 4。

步骤 7 计算并记录该蚂蚁所经路径信息素的总和及路径转移成本的总和。

步骤 8 比较本轮每只蚂蚁路径上的信息素总和,按信息素总和从大到小依次排序,取最优的蚂蚁依据式(5-18)和式(5-19)对路径上的信息素进行更新。选取前 l 条路径与 L 中的所有服务比较,若有性能更优的组合则修改列表 L,记录相应组合路径 $path_k$ 的转移成本;若本轮列表 L 中无数据更新,则在步骤 4 中调用轮盘赌选择机制。

步骤 9 将 $tabu_k$ 和路径表 $path_k$ 设为空,转步骤 2。

步骤 10　根据表 5-7 的云制造服务组合 QoS 计算模型,计算列表 L 中的每条组合路径 QoS 服务效能总和 $\sum Q$ 及路径转移成本总和 $\sum D$,计算 $w_1 \sum Q + w_2 \sum D$,其中 $w_1 + w_2 = 1$,最后输出最优服务组合。

假设蚂蚁寻优过程中最大分支数为 K,最优路径列表 L 的规模为 L^*,则步骤 3 的时间复杂度为 $O(MaxIter \times AC)$,步骤 4 为计算转移概率,时间复杂度为 $O(MaxIter \times AC \times K)$,步骤 8 为最优服务组合列表更新,需要进行的比较次数为 $l \times L^*$,因此该算法总的时间复杂度为 $O(MaxIter \times AC \times K + l \times L^*)$。

5.3.3　实例分析

为验证算法的可行性,以某阀门制造厂的阀门生产过程构造实验应用的场景,从产品设计、制造、测试和包装流程中挑选出 5 个最具代表性的节点,按照任务分解要求组成如图 5-5 所示阀门制造流程。问题数据来源文献[8]。

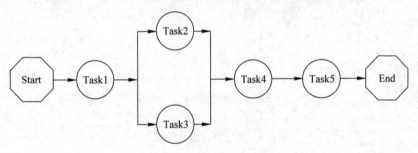

图 5-5　阀门制造流程

图 5-5 中,Task1 为模具设计与锻造; Task2 为阀体加工; Task3 为零件加工; Task4 为装配测试; Task5 为喷漆包装。其中: Start 为任务的发起方; End 为制造流程最终回归到企业; Task2 和 Task3 节点为并行结构。每个节点都有若干候选云制造服务,阀门制造服务组合流程如图 5-6 所示,图中用实线和虚线分别表示两种可能的组合路径。

表 5-8 所示为各制造资源之间的转移成本。云制造服务各 QoS 参数值基于实际历史记录信息[8],因此要取得有效的制造云服务 QoS 综合指标,需依据各评价指标的来源分类采集并进行规范化处理。服务计算用时、调用次数、获得正常响应次数、网络时延和发生故障时间等值,可以从云制造服务平台 QoS 管理数据库中获取; 服务的价格、产品运输时间和用户评价等值,可以从云制造平台用户界面输入的值中提取[12]。依据上述方法采集表 5-8 中各制造资源 QoS 参数的原始信息,再根据式(5-11)或式(5-12)进行统一量化,最后根据式(5-13)计算出单个制造云服务的效能作为蚁群算法各节点的初始信息素。在大量实验采集数据分析的基础上结合制造专家的建议,将价格、时间、可靠性、可用性、服务诚信度的属性权重分别设为 $w_s = \{0.4, 0.1, 0.1, 0.2, 0.2\}$,采集、量化后各制造资源的初始信息素如表 5-9

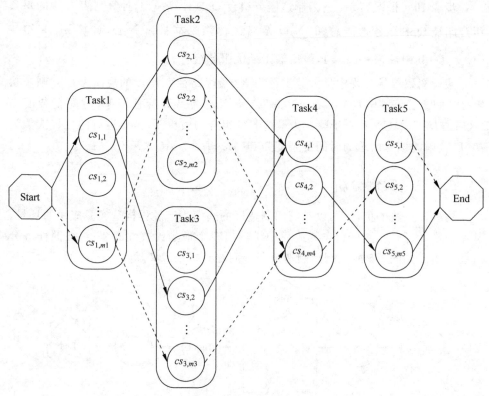

图 5-6　阀门制造服务组合流程

所示。同理,为了将不同来源的数据统一到一个参考系下,将表 5-8 中的数据根据式(5-11)进行统一量化处理,并将量化后的值加上表 5-8 中样本数据的均值,得到如表 5-10 所示的量化后转移成本。

表 5-8　制造产品转移成本 $\times 10^2 \text{km}$

		制 造 资 源					
		cs_{21}	cs_{22}	cs_{23}	cs_{31}	cs_{32}	cs_{33}
制造资源	cs_{11}	0.83	0.45	2.39	2.79	1.18	0.56
	cs_{12}	2.52	2.33	3.85	4.35	2.76	2.26
	cs_{13}	0.98	1.23	3.43	3.83	1.37	0.66
	cs_{41}	2.97	2.41	0.48	0.76	1.45	2.76
	cs_{42}	0.99	1.24	3.44	3.91	1.38	0.76
	cs_{43}	0.87	1.28	3.39	3.45	0.32	0.64

		制 造 资 源					
		cs_{41}	cs_{42}	cs_{43}	End		
制造资源	cs_{51}	2.59	1.24	1.38	0.37		
	cs_{52}	0.56	3.53	3.38	2.49		
	cs_{53}	3.44	0.29	1.48	1.25		

表 5-9　制造资源初始信息素

制造资源	cs_{11}	cs_{12}	cs_{13}	cs_{21}	cs_{22}	cs_{23}	cs_{31}	cs_{32}	cs_{33}	cs_{41}	cs_{42}	cs_{43}	cs_{51}	cs_{52}	cs_{53}
信息素 W	0.76	0.54	0.65	0.72	0.36	0.27	0.32	0.73	0.38	0.35	0.67	0.62	0.74	0.46	0.66

表 5-10　量化后制造产品的转移成本

		制 造 资 源				
		cs_{21}	cs_{22}	cs_{23}	cs_{31}	cs_{32}	cs_{33}
	cs_{11}	1.43	1.33	1.81	1.91	1.51	1.36
	cs_{12}	1.85	1.8	2.18	2.3	1.91	1.78
制造资源	cs_{13}	1.46	1.53	2.07	2.17	1.56	1.38
	cs_{41}	1.96	1.82	1.34	1.41	1.58	1.91
	cs_{42}	1.47	1.53	2.07	2.19	1.56	1.41
	cs_{43}	1.44	1.54	2.06	2.08	1.3	1.38

		制 造 资 源			
		cs_{41}	cs_{42}	cs_{43}	End
	cs_{51}	1.86	1.53	1.56	1.31
制造资源	cs_{52}	1.36	2.1	2.06	1.84
	cs_{53}	2.07	1.29	1.59	1.53

将算法参数设置为 $MaxIter=100$,蚂蚁数为 $AC=10$,启发因子 $\alpha=1.0$,期望因子 $\beta=2.0$,信息素挥发系数 $\rho=0.8$,信息素释放量 $W=1$。根据本节算法,经最大次数迭代后计算输出最优的服务组合路径 $cs_{11} \rightarrow (cs_{21},cs_{32}) \rightarrow cs_{42} \rightarrow cs_{53} \rightarrow$ End,根据表 5-7 云制造服务组合 QoS 计算模型,该路径的服务效能总和为 3.54,路径总的转移成本为 8.7。从上述推理可知,利用蚁群算法解决云制造服务组合优化问题是可行的。

5.4　维护、维修和大修优化

5.4.1　问题描述

维护、维修和大修优化(maintenance,repair,overhaul & operation,MRO)是产品在使用和维护阶段所进行的各种维修、维护、大修和操作等制造服务活动的总称,是产品全生命周期的重要组成部分[13]。MRO 决策支持是将现代 MRO 管理理念、信息技术和企业管理方法相结合,管理产品全生命周期中 MRO 数据信息,支持维修过程管理及优化,提供辅助决策支持。近几年,我国制造业的形势十分严峻,企业之间的竞争更加激烈,越来越多的企业意识到信息管理在制造企业中的重要性。

航天企业由于其产品的精密性、独特性等,对设备的要求也较高,大部分具有生产工艺复杂,高、精、尖、大型、进口设备多的特点。这给其设备维修带来了不少困难,如维修费用较高、在修时间较长、维修效率较低等,这些困难也对 MRO 服务及其调度提出了较高的要求。MRO 服务主要是指产品生命周期中的使用和维护阶段所做的产品服务[14]。MRO 服务调度则是指当企业接到客户的维修请求后,调度人员如何依据维修任务的需求紧急情况、维修点与需求方的距离、维修价格、维修质量等众多因素,为维修任务选择合适的维修点。在维修任务调度问题中,维修价格主要体现在维修成本上,维修任务的需求紧急情况和维修点与需求方的距离等主要体现在维修执行时间上。因此,MRO 服务调度问题是依据维修任务及各个维修点执行维修任务所需的维修成本和维修执行时间,确定维修任务,即确定每个维修任务的具体执行的维修点[15]。

维修服务调度问题是一种复杂调度问题。先假设有 n 个维修任务,每个维修任务可以有一个或者多个维修点来进行维修[16]。假设第 i 个维修任务,有 K_i 个维修点可供选择,则可能产生的组合数就有 $\prod_{i=1}^{n} K_i$ 个。需要从大量组合中选出一个最合理的维修点,在维修成本的约束条件下,同时满足整个维修过程时间最短,现要对每一种组合进行计算,选出最优解。这是一个复杂的组合优化问题,而启发式算法能够较好地解决组合优化问题。

基于上述分析,建立维修服务调度问题数学模型。

假设在同一时间段内有 n 个维修任务,用 $MT = \{mt_1, mt_2, \cdots, mt_n\}$ 来表示,其中第 i 个维修任务可分为 s_i 个维修子任务,属于同一维修任务的子任务之间存在时间约束关系,即属于同一维修任务的后一子任务必须在其前面子任务完成后才能开始。共有 m 个维修点 $MS = \{ms_1, ms_2, \cdots, ms_n\}$,对于第 n_{isi} 个子任务,有 k_i 个候选维修点可供选择。建立两个 $m \times (s_1 + s_2 + \cdots + s_n)$ 的矩阵 $\boldsymbol{T}$ 和 $\boldsymbol{C}$,分别表示各个子任务在每个维修点上相应的维修时间和维修成本;建立一个 $n \times \max(s_i)$ 的矩阵 $\boldsymbol{O}$,表示 n 个维修任务的每个子任务被调度到那个维修点,即维修任务的分配方案。$\boldsymbol{T}_O(i)$ 和 $\boldsymbol{C}_O(i)$ 分别表示在分配方案 O 下第 m 个维修点所有维修任务的完成时间和维修费用。假设成本与时间的权重分别为 $\alpha_t = 0.5$ 和 $\beta_c = 0.5$,则综合适应值 $W = \alpha_t \times \boldsymbol{T}_O(i) + \beta_c \times \boldsymbol{C}_O(i)$,则 MRO 维修服务的调度目标为当 $C_总 < C_{预算}$ 时,求一个最合理的维修调度方案 O,使得综合适应值 W 最小。

5.4.2 蚁群算法求解过程

1. 算法流程

本节介绍蚁群算法(ACO)求解 MRO 维修服务调度问题。该算法首先综合考虑维修任务的完成时间和维修费用,基于综合适应值 W 对路径信息素进行初始化,生成初始信息素分布。之后依据蚁群算法进行选择、遍历,并更新节点路径信息素,最终获取精确解。基本步骤如下:

（1）以 ant-cycle 模型[17]为基础，对 ACO 中节点的路径进行信息素初始化；

（2）ACO 中参数初始化；

（3）应用 ACO 进行寻优，构造 MRO 维修调度问题的可行解，并更新信息素浓度；

（4）进行 ACO 终止条件判断，若满足终止条件则转步骤（5），否则转步骤（3）；

（5）输出最优解，算法结束。

2. ACO 中蚁群节点遍历

以 MRO 维修服务模型为基础，基于每个维修任务的子任务间的时间约束，ACO 通过对每个维修任务中的所有子任务节点进行遍历，构造出一条最佳路径，为每一个子任务节点选择一个维修点，使得综合适应值达到最优。

在路径构造过程中，蚂蚁 k 依照路径中的信息素浓度与启发式信息，从一个子任务节点选择维修点 ms_i 移动到相邻的子任务节点选择的维修点 ms_j。因此，路径选择概率 $p_{ij}^k(t)$ 如式（5-20）所示。

$$p_{ij}^k(t) = \begin{cases} \dfrac{[\tau_{ij}(t)]^\alpha \cdot [\eta_{ij}(t)^\beta]}{\sum\limits_{i \in allowed_j^k} (\tau_{il}(t)^\alpha \cdot [\eta_{il}(t)]^\beta)}, & j \in allowed_j^k \\ 0, & 否则 \end{cases} \quad (5\text{-}20)$$

式中，α、β 分别是控制信息素和启发式信息值的权重系数；$[\tau_{ij}(t)]$ 是维修点 ms_i 与维修点 ms_j 间的信息素浓度；$\eta_{ij}(t)$ 是维修点 ms_i 与维修点 ms_j 之间相关联的启发式信息值，这里的启发式信息可以用维修点 ms_j 的综合适应值的倒数来表示；$allowed_j^k$ 则表示蚂蚁 k 位于子任务节点选择维修点 ms_i 时，下一步可遍历的子任务节点对应的维修点集合。

3. 蚁群信息素的更新

为了提高算法的搜索效率，这里采用一种精英策略对信息素进行更新，即只对当前迭代中构造最优解的蚂蚁（或较优解的蚂蚁集合）的可行解集合来更新信息素，如式（5-21）、式（5-22）所示。

$$\tau_{ij}(t+1) = (1-\rho) \cdot \tau_{ij}(t) + \sum_{k=1}^m \Delta\tau_{ij}^k(t) \quad (5\text{-}21)$$

$$\Delta\tau_{ij}^k(t) = \begin{cases} \dfrac{Q}{L_k}, & 若第 k 只蚂蚁在本次循环中经过(i,j) \\ 0, & 否则 \end{cases} \quad (5\text{-}22)$$

式中，$\rho(\rho \in [0,1))$ 表示信息素挥发系数，则 $(1-\rho)$ 表示信息残留因子；$\sum\limits_{k=1}^m \Delta\tau_{ij}^k(t)$ 表示在本次迭代中，构造较优解的第 k 只蚂蚁留在维修点 ms_i 与维修点 ms_j 间的信息素浓度，其中 $\Delta\tau_{ij}^k(t)$ 的取值如式（5-22）所示，这里采用 ant-cycle 模型；L_k 为第 k 只

蚂蚁构造路径的值；Q 为蚂蚁在每次迭代中留下的信息素的总量，一般为一个常数。

5.4.3　实例分析

这里以某航天企业的 10 个维修任务为例进行验证说明，考虑维修点完成维修子任务的维修时间和维修成本。每个维修任务可分为 10 个子任务，维修点数量为 10，如表 5-11 所示。

表 5-11　每个维修点对应子任务维修时间与维修成本　　　单位：万元

维修点	子任务（维修时间，维修成本）									
	1	2	3	4	5	6	7	8	9	10
1	—	87,54	—	67,34	98,57	19,21	—	—	42,36	
2	—	86,57	—	102,70	89,56	23,16	99,67	89,63	55,38	316,184
3	118,79	—	36,20	23,12	113,76	18,7	—	94,68	—	478,306
4	219,97	73,40	31,26	27,20	—	—	81,47	—	—	297,169
5	57,48	212,158	66,52	57,46	67,53	50,43	89,69	74,57	42,31	—
6	180,124	103,76	—	86,64	—	—	88,65			
7	—	95,76	56,42	—	48,36	—	94,74	—	51,39	285,211
8	131,87	98,73	—	38,16	202,154	—	—	103,77	—	—
9	—	—	31,25	—	79,62	24,13	100,78	—	56,43	357,248
10	142,93	—	47,37	—	—	30,23	—	76,45	68,39	287,104

注："—"表示该维修点不提供维修服务。

蚁群算法参数设置为：最大迭代次数 $item_{aco}=200$；蚂蚁个数为 50；$\alpha=1.6$；$\beta=2.7$；信息素挥发系数 $\rho=0.6$；$Q=120$。图 5-7 中给出蚁群算法求得优化的调度方案，其中维修时间为 1653，维修成本为 5471。

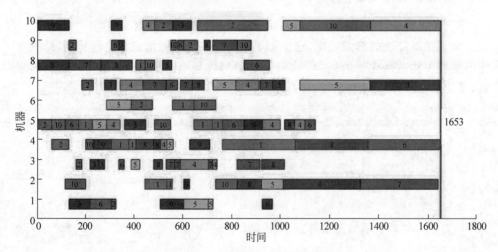

图 5-7　蚁群算法的调度方案

习题

1. 简述传统制造业核心业务功能与制造服务的关系。
2. 简述基于 JIT 的物料采购优化问题。
3. 简述粒子群优化算法求解 JIT 物料采购优化问题的过程。
4. 简述蚁群算法求解云制造服务组合优化问题的过程。
5. 简述蚁群算法求解 MRO 的过程。

参考文献

[1] 顾新建.制造服务创新方法和案例[M].北京：科学出版社,2014.

[2] 李浩,纪杨建,祁国宁,等.制造与服务融合的内涵、理论与关键技术体系[J].计算机集成制造系统,2010,16(11)：2521-2529.

[3] 杨洋.供应链管理在施工企业物资采购中的应用[J].中国管理信息化,2019,22(16)：126-127.

[4] 首黎明.浅谈基于供应链管理的采购管理模式[J].商场现代化,2019,19：95-96.

[5] 于世坤,王波.MRP 与 JIT 推拉结合生产管理应用研究[J].现代制造工程,2012,1：65-68.

[6] 马钰戈,刘永,郝娟,等.JIT 供应链物料采购协同优化及其粒子群算法[J].计算机工程与应用,2018,54(2)：256-265.

[7] 李伯虎,张霖,王时龙,等.云制造——面向服务的网络化制造新模式[J].计算机集成制造系统,2010,16(1)：1-7.

[8] 马文龙,王铮,赵燕伟.基于改进蚁群算法的制造云服务组合优化[J].计算机集成制造系统,2016,22(1)：113-121.

[9] 陶飞,张霖,郭华,等.云制造特征及云服务组合关键问题研究[J].计算机集成制造系统,2011,17(3)：477-486.

[10] 刘卫宁,刘波,孙棣华.面向多任务的制造云服务组合[J].计算机集成制造系统,2013,19(1)：201-211.

[11] 夏亚梅,程渤,陈俊亮,等.基于改进蚁群算法的服务组合优化[J].计算机学报,2012,35(2)：2270-2281.

[12] 马文龙,朱李楠,王万良.云制造环境下基于 QoS 感知的云服务选择模型[J].计算机集成制造系统,2014,20(5)：1246-1254.

[13] 程曜安,张力,刘英博,等.大型复杂装备 MRO 系统解决方案[J].计算机集成制造系统,2010,16(10)：2026-2037.

[14] 万明,张凤鸣,樊晓光.战时装备维修任务调度的两种新算法[J].系统工程与电子技术,2012,34(1)：107-110.

[15] 牛丹丹,董增寿.基于遗传算法的维修服务人员选派问题研究[J].太原科技大学学报,2014,35(1)：14-18.

[16] 聂兆伟,熊丹丹,杨海成.基于混合遗传-蚁群算法的 MRO 服务调度研究[J].计算机应用研究,2018,35(2)：438-440.

[17] HERNÁNDEZ H,BLUM C. Foundations of Antcycle：Self-synchronized duty-cycling in mobile sensor networks[J]. Computer Journal,2011,54(9)：1427-1448.